TETTONICA A PLACCHE

E Fenomeni Geodinamici

JOSE RUIZ WATZECK

WHSD

SOMMARIO

PREFAZIONE

Il lavoro presentato al lettore emerge come una diligente sintesi dell'ampio spettro di conoscenze sulla tettonica a placche e sulla sismologia, ambiti intrinsecamente interconnessi che rivelano i misteri della dinamica terrestre. In un contesto in cui la comprensione delle complessità geologiche e geofisiche è di vitale importanza per la comprensione e la previsione dei fenomeni naturali, questo lavoro mira non solo a delucidare i concetti di base, ma anche a provocare riflessioni sulle frontiere della conoscenza scientifica e sulle sfide che permeare questi ambiti di studio.

Fin dall'inizio della civiltà, la curiosità umana sulla natura intrinseca del pianeta Terra ha guidato la ricerca che spazia dalle manifestazioni geologiche più elementari alle sottigliezze delle interazioni tettoniche. Comprendere l'evoluzione di questi studi, dalle congetture iniziali sulla deriva dei continenti alle sofisticate analisi sismiche contemporanee, è fondamentale per una comprensione completa delle scienze della Terra.

In questo libro ci proponiamo di tracciare un percorso che trascende i limiti temporali e geografici, passando dalle prime concezioni visionarie di scienziati pionieristici ai progressi tecnologici che attualmente permeano il campo della sismologia. Affronteremo i molteplici aspetti della tettonica a placche, dai suoi fondamenti teorici alle applicazioni pratiche che abbracciano i settori dell'ingegneria, della geologia applicata e della mitigazione dei disastri naturali.

Nelle pagine che seguono, invitiamo il lettore a immergersi in un universo multiforme, dove le forze titaniche che modellano la Terra si rivelano in tutta la loro complessità. Che sia lo studente desideroso di conoscenza, lo scienziato in cerca di nuove prospettive, o il profano che cerca di comprendere i misteri del mondo che lo circonda, questo libro aspira ad essere un faro che illumina i sentieri della comprensione e della conoscenza.

Possa questo viaggio accademico arricchire e ispirare, sollevando nuove domande e prospettive sugli enigmi che permeano la tettonica a placche e la sismologia.

INTRODUZIONE

Questo lavoro si propone di intraprendere un'analisi esaustiva e accademica della tettonica a placche, una disciplina intrinsecamente correlata alla comprensione delle dinamiche della Terra e alla strutturazione della superficie terrestre come la conosciamo. La tettonica a placche emerge come un paradigma unificante che esplora i meccanismi alla base dell'evoluzione geologica del pianeta, offrendo intuizioni fondamentali sui processi che hanno modellato e continuano a modellare la sua topografia, distribuzione delle risorse e fenomeni naturali.

Fin dagli albori della civiltà, la curiosità umana sulla natura intrinseca della Terra ha stimolato osservazioni e speculazioni sulla sua struttura e funzionamento. Tuttavia, è stato solo negli ultimi secoli che si sono cominciate a gettare le basi della moderna conoscenza scientifica, spinta da una combinazione di osservazioni empiriche, analisi geologiche e progressi tecnologici. In questo contesto, le prime teorie sul movimento delle placche tettoniche emersero in risposta ad osservazioni sempre più dettagliate della superficie terrestre e dei fenomeni geologici associati.

La storia delle prime osservazioni e teorie sul movimento delle placche può essere fatta risalire a figure di spicco della scienza, i cui contributi visionari gettarono le basi per il paradigma contemporaneo della tettonica a placche. Dalle speculazioni di Alfred Wegener sulla deriva dei continenti agli studi pionieristici di James Hutton sulla geodinamica della Terra, ogni pietra miliare riflette un viaggio intellettuale segnato da scoperte intriganti e accesi dibattiti.

Pertanto, è fondamentale comprendere il contesto storico e scientifico in cui sono emerse le prime teorie sulla tettonica a placche, in quanto ciò consente di apprezzare la profondità delle conoscenze accumulate nel corso dei secoli e la complessità delle sfide affrontate dagli scienziati nella ricerca per una comprensione completa della Terra e dei suoi processi geologici. Questo lavoro si propone di esplorare questo panorama storico, descrivendo i contributi di figure di spicco, le prove a sostegno delle teorie e dei progressi che hanno plasmato la disciplina della tettonica a placche come la conosciamo oggi. In tal modo, cerchiamo di fornire una solida base per comprendere le questioni contemporanee e le sfide future che permeano questo affascinante campo della scienza.

CAPITOLO 1: PRELUDIO ALLA TETTONICA A PLACCHE

Lo studio della struttura della Terra e del movimento dei continenti risale a periodi antichi della storia umana, impregnati di concezioni mitiche e speculative. Tuttavia, fu solo tra il XVIII e il XIX secolo che iniziarono a essere gettate le basi della geologia moderna, guidate da una combinazione di osservazioni empiriche, ragionamento deduttivo e progressi nelle tecniche di esplorazione geografica.

Uno dei primi tentativi di sistematizzazione delle conoscenze sulla geodinamica terrestre fu compiuto da James Hutton, la cui fondamentale opera "Teoria della Terra", pubblicata nel 1788, proponeva l'idea di un ciclo geologico continuo, caratterizzato da processi di erosione, sedimentazione e metamorfismo. Sebbene non affrontasse direttamente il movimento dei continenti, le idee di Hutton gettarono le basi per comprendere la Terra come un sistema dinamico in costante trasformazione.

Tuttavia, fu solo all'inizio del XX secolo che la teoria della deriva dei continenti acquisì notorietà, sotto gli auspici del meteorologo e geofisico tedesco Alfred Wegener. Nella sua opera "L'origine dei continenti e degli oceani", pubblicata nel 1915, Wegener propose l'ardita ipotesi che i continenti non fossero entità statiche, ma frammenti di una massa terrestre primordiale che si era spostata nel corso del tempo geologico. Per sostenere la sua teoria, Wegener utilizzò prove paleontologiche, geologiche e climatiche, evidenziando la congruenza di fossili, strutture geologiche e modelli climatici tra continenti lontani.

Nonostante l'impatto che la teoria di Wegener provocò, la sua proposta iniziale fu ampiamente messa in discussione dalla comunità scientifica dell'epoca, che non disponeva di un meccanismo plausibile per spiegare il movimento dei continenti.

Solo nel secondo dopoguerra, con l'avvento di nuove tecnologie e approcci scientifici, la teoria della deriva dei continenti si è evoluta nella teoria della tettonica a placche, un paradigma rivoluzionario che postula l'esistenza di placche litosferiche galleggianti sul mantello terrestre interagiscono tra loro lungo confini definiti.

La base teorica alla base della teoria della deriva dei continenti e della successiva teoria della tettonica a placche è stata confermata da un insieme diversificato di prove che abbracciano molteplici ambiti scientifici. Tra questi spiccano l'accordo paleontologico e l'osservazione delle connessioni geologiche su continenti lontani, la cui somiglianza e connessione suggerivano eloquentemente una storia condivisa.

La somiglianza dei fossili rinvenuti nei diversi continenti era uno dei pilastri fondamentali a sostegno dell'ipotesi che queste masse terrestri avessero condiviso una storia geologica interconnessa. Il ritrovamento di specie fossilizzate identiche o strettamente imparentate in luoghi geograficamente remoti, così come la presenza degli stessi generi di piante e animali estinti in regioni oggi separate da vaste masse d'acqua, hanno fornito prove inconfutabili di un passato legame tra territori che, in un primo momento, A prima vista sembravano distanti e isolati. Tale convergenza paleontologica ha messo in discussione la spiegazione convenzionale della dispersione biologica e della migrazione delle specie, suggerendo invece un contesto geografico più complesso e dinamico.

Inoltre, l'osservazione delle incrostazioni geologiche ha integrato le prove paleontologiche, fornendo informazioni tangibili sui processi geologici che hanno modellato la superficie terrestre nel tempo. In particolare, l'identificazione di strutture geologiche e formazioni rocciose che si estendevano continuamente oltre i confini continentali precedentemente concepiti come separati da vasti oceani, cementò la percezione che tali masse terrestri, ad un certo punto della storia geologica, fossero state contigue. Come esempio notevole, la catena montuosa degli Appalachi, che si estende dagli Stati Uniti orientali alle isole britanniche, è stata interpretata come una continuità geologica che abbraccia continenti precedentemente uniti.

Pertanto, la concomitanza di queste prove, combinate con un esame critico delle caratteristiche morfologiche, geologiche e biologiche dei continenti, gettò le basi per una nuova comprensione delle dinamiche planetarie. Il riconoscimento dell'esistenza di una storia comune e intrecciata tra continenti un tempo coesi ha innescato una rivoluzione concettuale in geologia, segnando l'avvento di una nuova era di esplorazione e scoperta nel campo delle scienze della Terra.

Oltre ai contributi di Alfred Wegener e James Hutton, ci sono altre figure degne di nota e momenti storici che hanno giocato un ruolo significativo nello sviluppo del preludio alla teoria della tettonica a zolle.

Alexander von Humboldt (1769-1859) – Questo naturalista, geografo ed esploratore tedesco è ampiamente riconosciuto per le sue spedizioni scientifiche in Sud America tra il 1799 e il 1804. Durante i suoi viaggi, Humboldt raccolse numerosi dati geografici, geologici e biologici e le sue osservazioni furono raccolti nella sua monumentale opera intitolata "Viaggio alle regioni equinoziali del Nuovo Continente" (1814-1829). Humboldt sottolineò l'importanza di un approccio interdisciplinare allo studio della natura e la sua visione olistica della Terra come sistema dinamico interconnesso influenzò in modo significativo gli scienziati successivi, compresi quelli che contribuirono allo sviluppo della teoria della tettonica a zolle.

Harry Hess (1906-1969): Hess era un geologo e ufficiale navale americano le cui ricerche durante la seconda guerra mondiale portarono a importanti contributi alla comprensione della geologia marina. Nel 1960, Hess propose la sua teoria sull'espansione del fondale marino, che postulava che le dorsali sottomarine si stavano formando a causa del vulcanismo lungo le dorsali medio-oceaniche, dove si creava costantemente nuova crosta oceanica. La scoperta di una banda simmetrica di magnetismo sul fondo dell'oceano da parte di Maurice Ewing e Bruce Heezen nel 1961 fornì ulteriore supporto alla teoria di Hess, portando all'ampia accettazione della tettonica a placche.

Marie Tharp (1920-2006) e Bruce Heezen (1924-1977): Tharp e Heezen collaborarono ampiamente alla mappatura del fondale oceanico durante gli anni '50. Il loro lavoro dettagliato rivelò la presenza di una dorsale sottomarina centrale nell'Oceano Atlantico, nota come Montagna Centrale Allineare. Dorsale Atlantica e una profonda valle adiacente. Queste scoperte hanno fornito prove cruciali per la teoria dell'espansione del fondale marino e per comprendere il movimento delle placche tettoniche.

Progressi significativi nelle tecnologie di mappatura e monitoraggio, come la sismologia, la gravimetria, l'analisi dei dati magnetici e l'invenzione del GPS, furono essenziali per la conferma e il perfezionamento delle teorie della tettonica a placche nel corso del XX secolo e all'inizio del XXI. Queste tecnologie hanno permesso agli scienziati di raccogliere dati precisi sui movimenti delle placche, nonché di mappare la struttura interna e la dinamica della Terra con una precisione senza precedenti.

I contributi di queste figure e lo sviluppo di queste tecnologie sono stati fondamentali per l'evoluzione delle conoscenze sulla tettonica a placche, fornendo una solida base per comprendere i processi geologici che modellano il nostro pianeta.

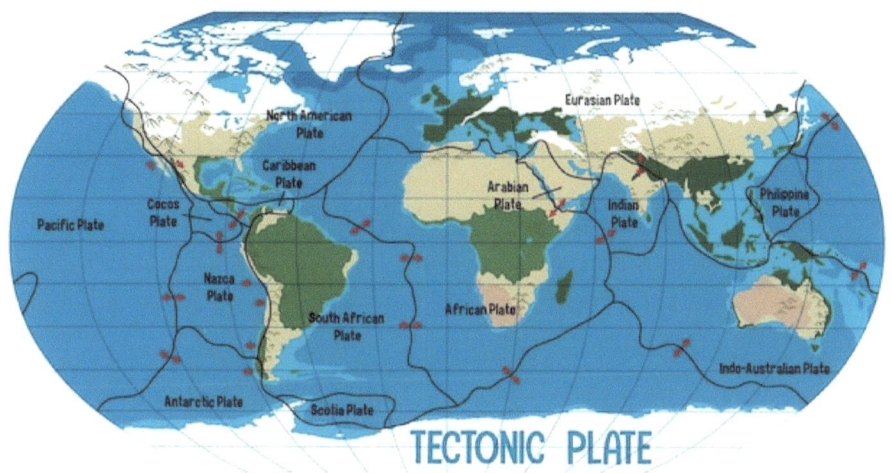

TECTONIC PLATE

Le placche tettoniche sono enormi blocchi di roccia che formano la crosta terrestre e si muovono lungo il mantello terrestre. Esistono diverse placche tettoniche maggiori e alcune minori. Di seguito sono riportati i nomi delle principali placche tettoniche e la loro posizione:

1. Placca nordamericana: copre gran parte del Nord America, della Groenlandia e parte dell'Oceano Atlantico.

2. Piastra sudamericana: copre la maggior parte del Sud America.

3. Placca del Pacifico - Situata principalmente sotto l'Oceano Pacifico, è la placca tettonica più grande.

4. Placca africana: si estende su gran parte dell'Africa.

5. Placca eurasiatica - Include la maggior parte dell'Europa e dell'Asia.

6. Placca indo-australiana: comprende India, Australia, parti dell'Oceano Indiano e la regione meridionale dell'Asia.

7. Placca Antartica: copre la maggior parte dell'Antartide.

Oltre a queste, ci sono placche più piccole, come la placca di Nazca, la placca filippina, la placca caraibica, tra le altre, che svolgono un ruolo importante nei movimenti tettonici e nella formazione delle caratteristiche geologiche della Terra.

CAPITOLO 2: FONDAMENTI CONCETTUALI DELLA TETTONICA A PLACCHE

La comprensione della dinamica della Terra e dell'evoluzione della superficie terrestre è arricchita dalla meticolosa esplorazione dei concetti chiave inerenti la teoria della tettonica a zolle. Questi concetti, essenziali per l'interpretazione dei processi geologici in corso, delineano le complesse interazioni tra gli ammassi rocciosi che formano la litosfera terrestre, fornendo un quadro concettuale essenziale per comprendere i meccanismi che modellano la topografia terrestre su scala temporanea.

Uno dei pilastri fondamentali della teoria della tettonica a placche risiede nella concezione dei confini delle placche, dove avvengono le interazioni primarie tra le masse tettoniche che formano la crosta terrestre. Questi bordi sono classificati in tre categorie distinte, ciascuna caratterizzata da processi geologici unici che riflettono fenomeni tettonici in azione:

Confini divergenti: uno dei tipi fondamentali di confini tettonici, sono caratterizzati dalla graduale separazione e separazione delle placche tettoniche adiacenti, consentendo la risalita di materiale magmatico dal mantello terrestre per riempire lo spazio risultante. Questo fenomeno, noto come espansione del fondale marino, è il principale motore della formazione di nuova crosta oceanica e svolge un ruolo centrale nella dinamica geologica del fondale oceanico e nel modellare la topografia terrestre.

L'attività tettonica ai bordi divergenti è spesso osservata sulle dorsali medio-oceaniche, catene di montagne sottomarine che corrono lungo gli oceani del mondo. In questi luoghi le placche tettoniche si stanno allontanando le une dalle altre, spinte da forze di tensione orizzontale che favoriscono il rifting e la formazione di nuova crosta oceanica. Mentre le placche si allontanano, il magma risale dal mantello terrestre attraverso le fessure della crosta, riempiendo i vuoti e solidificandosi per formare nuovi segmenti di crosta oceanica.

L'espansione del fondale marino lungo bordi divergenti è evidenziata da una serie di caratteristiche geologiche distinte. Le dorsali medio-oceaniche sono caratterizzate da una topografia alta e stretta dove le rocce vulcaniche recentemente solidificate formano una dorsale centrale. Da questa dorsale, la crosta oceanica neoformata si estende simmetricamente su entrambi i lati, formando pianure abissali segnate da fessure e faglie geologiche.

Oltre alla peculiare topografia, i bordi divergenti sono accompagnati anche da una significativa attività vulcanica. Il vulcanismo sottomarino è comune lungo le dorsali oceaniche, con frequenti eruzioni di lava basaltica che contribuiscono alla continua crescita della crosta oceanica. Queste eruzioni formano strutture geologiche conosciute come coni vulcanici e fessure eruttive, che sono testimoni dirette del processo di formazione di nuova crosta oceanica.

I bordi divergenti rappresentano quindi un aspetto essenziale delle dinamiche tettoniche globali, svolgendo un ruolo cruciale nella formazione ed evoluzione degli oceani e nella continua espansione della crosta terrestre. Lo studio dettagliato di questi confini tettonici fornisce preziose informazioni sui processi geologici in atto e sull'evoluzione della superficie terrestre nel corso delle ere geologiche.

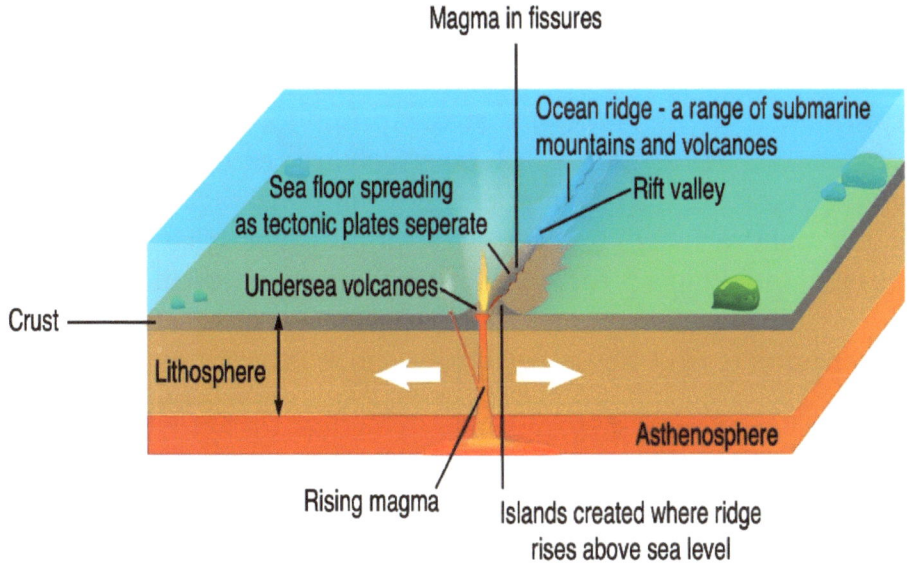

Confini convergenti: una categoria fondamentale di confini tettonici, rappresentano luoghi in cui due placche tettoniche si avvicinano l'una all'altra, dando origine a complesse interazioni geologiche che modellano la morfologia e la struttura della crosta terrestre. Questo fenomeno è intrinsecamente legato alla subduzione, collisione e riciclo della litosfera oceanica e continentale, innescando una serie di processi geologici sorprendenti che includono attività vulcanica, formazione di catene montuose e deformazione della crosta terrestre.

La subduzione è uno dei principali processi osservati ai bordi convergenti e si verifica quando una densa placca oceanica sprofonda sotto una placca continentale adiacente. Questo fenomeno è solitamente accompagnato da un'intensa attività sismica e vulcanica, poiché la placca oceanica è costretta ad sprofondare nel mantello terrestre. Come risultato di questo processo, si possono formare fosse oceaniche profonde, che rappresentano alcune delle caratteristiche più profonde della litosfera terrestre, come la Fossa delle Marianne nell'Oceano Pacifico.

Oltre alla subduzione, i bordi convergenti possono anche essere teatro di collisioni continentali, dove due dense placche continentali si incontrano e si comprimono. Questa collisione provoca la formazione di spettacolari catene montuose, caratterizzate da picchi imponenti, prominenti faglie geologiche e un'ampia varietà di processi di erosione. Un classico esempio di questo fenomeno è la formazione dell'Himalaya, dove la collisione tra la placca indiana e quella euroasiatica ha causato il continuo innalzamento di questa maestosa catena montuosa.

L'attività vulcanica è un'altra caratteristica distintiva dei bordi convergenti, che risultano dalla fusione parziale del materiale roccioso subdotto e dal magma in risalita dal mantello terrestre. Questo magma è spesso arricchito di sostanze volatili ed elementi chimici, portando alla formazione di vulcani e stratovulcani esplosivi lungo le zone di subduzione. Questi vulcani sono un segno distintivo di confini convergenti e possono contribuire in modo significativo alla costruzione e all'evoluzione della topografia terrestre.

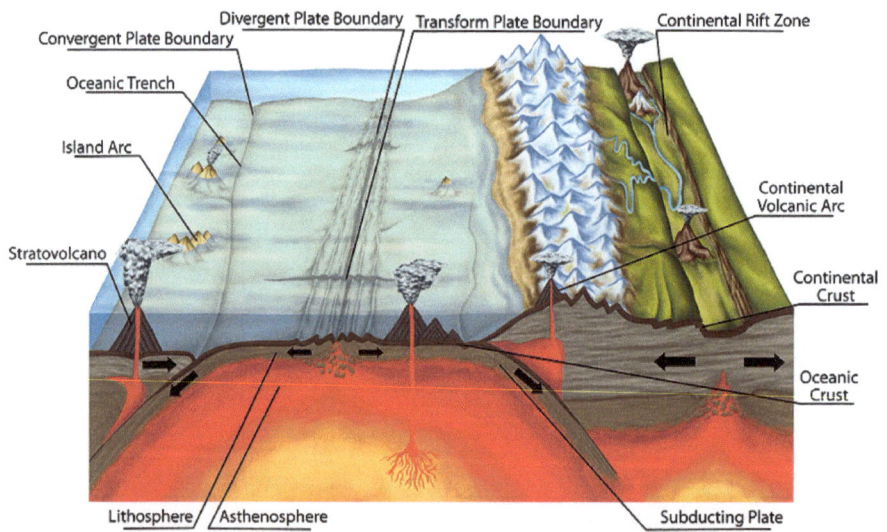

Subduzione, tettonica a placche: crediti immagine Shutterstock

Bordi di trasformazione: noti anche come faglie di trasformazione, rappresentano i confini tettonici in cui due placche scivolano lateralmente l'una accanto all'altra, lungo faglie geologiche profonde ed estese. Questo fenomeno è caratterizzato da movimenti orizzontali lungo faglie trasformi, che spesso determinano una significativa attività sismica e il rilascio di stress accumulati nel corso del tempo geologico.

Questi confini tettonici sono segnati da notevoli faglie geologiche, come la famosa faglia di Sant'Andrea in California, Stati Uniti, che rappresenta una delle faglie trasformi più studiate e conosciute al mondo. Lungo questa faglia e altre simili, si osserva un movimento laterale tra placche tettoniche adiacenti, che può provocare spostamenti significativi nel tempo geologico.

L'attività sismica è una caratteristica importante dei bordi di trasformazione, con frequenti terremoti che si verificano lungo le faglie associate. Questi terremoti sono generati dal movimento delle placche tettoniche mentre scivolano e interagiscono tra loro lungo le faglie trasformi. Questa attività sismica può variare in intensità e frequenza a seconda della velocità di movimento delle placche e delle caratteristiche geologiche locali.

Oltre ai terremoti, le dorsali trasformate possono essere accompagnate anche da altri fenomeni geologici, come l'emergere di catene montuose sottomarine e la formazione di bacini oceanici. Questi processi sono influenzati dal movimento relativo delle placche tettoniche e dall'interazione delle faglie di trasformazione con altre caratteristiche geologiche della regione.

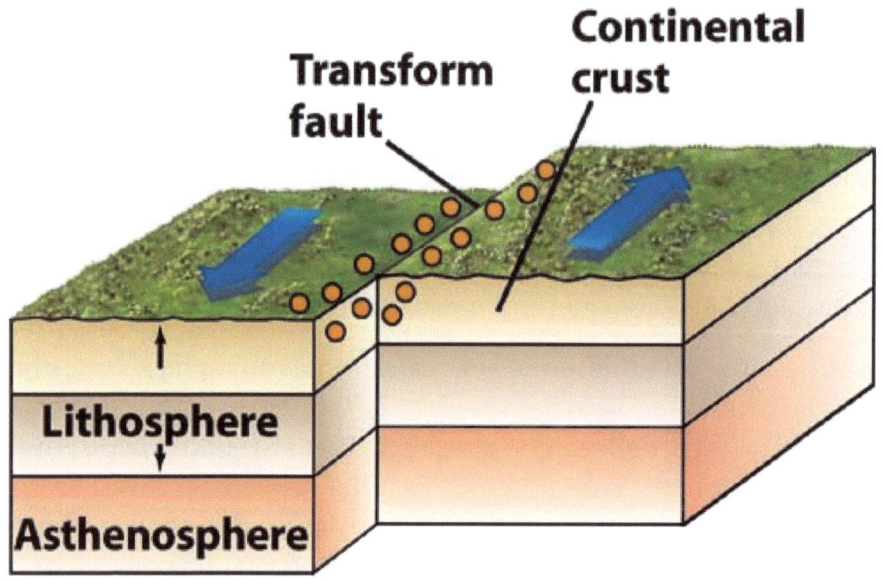

TRANSFORM FAULT BOUNDARY

Uno studio effettuato daJason D. Chaytor, geologo ricercatore presso l'United States Geological Survey, affronta l'azione tettonica delle placche nei Caraibi nord-orientali, pubblicato sulla National Oceanic and Atmospheric Administration (NOAA), rivela che Porto Rico, insieme alle Isole Vergini, si trova in un area di confine attiva tra la placca nordamericana e l'angolo nord-orientale della placca caraibica. La placca caraibica, che ha circa 80 milioni di anni, ha una forma approssimativamente rettangolare e si sta spostando verso est ad una velocità di circa due centimetri all'anno rispetto alla placca nordamericana. Il movimento lungo il suo margine settentrionale, nella zona di confine delle placche, è principalmente laterale, con una piccola componente di subduzione, in cui una placca sprofonda sotto un'altra.

Al contrario, man mano che la placca caraibica avanza verso est, si sovrappone alla placca nordamericana, formando l'arco insulare delle Piccole Antille, dove sono presenti vulcani attivi.

Attualmente non vi è attività vulcanica a Porto Rico e nelle Isole Vergini e gli ultimi vulcani attivi risalgono a circa 30 milioni di anni fa.

La fossa di Porto Rico, situata nel nord del paese, è la parte più profonda dell'Oceano Atlantico, con una profondità d'acqua che supera gli 8.300 metri (5,2 miglia), paragonabile alle profonde fosse dell'Oceano Pacifico. Mentre le fosse nel Pacifico si verificano dove una placca tettonica scivola sotto un'altra, la fossa di Porto Rico si trova al confine tra due placche che passano l'una sull'altra, con solo una piccola componente di subduzione. La profondità della fossa varia a seconda dell'entità della componente di subduzione, essendo tanto meno pronunciata quanto più grande è questa componente.

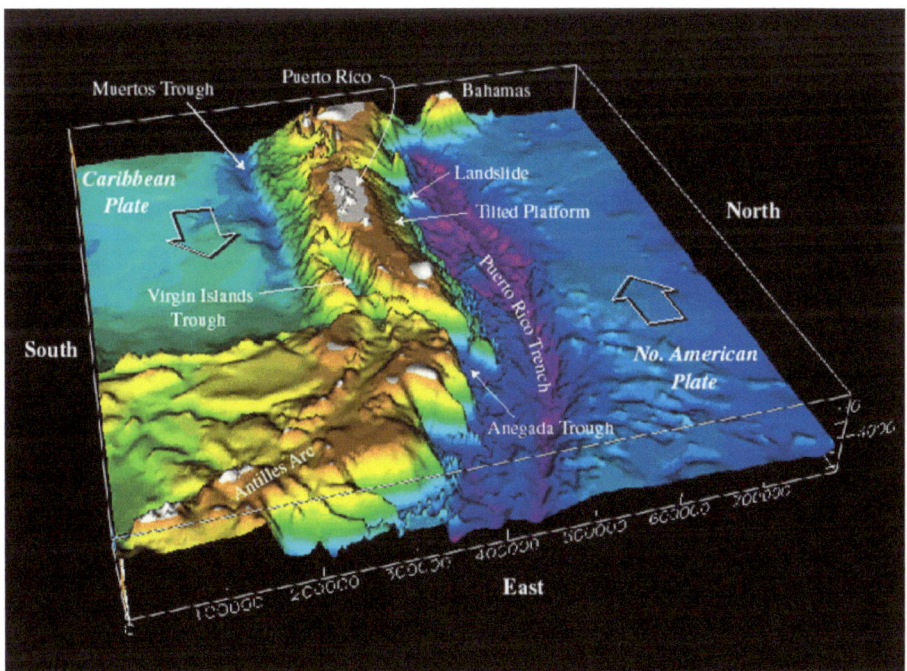

Termimetria dell'angolo nord-orientale della placca caraibica.
Immagine gentilmente concessa dall'US Geological Survey

17

L'eccezionale profondità del fondale marino non si limita alla sola fossa, che si estende a sud verso Porto Rico, dove una spessa piattaforma di calcare (carbonato), originariamente depositata in strati piatti vicino al livello del mare, ora si inclina uniformemente verso nord. Il suo margine settentrionale si trova a una profondità di 4.200 metri (2,6 miglia), mentre il suo margine meridionale emerge sulla costa di Porto Rico, a poche centinaia di metri sul livello del mare.

A sud di Porto Rico e delle Isole Vergini, caratteristiche come la Depressione di Los Muertos e bacini sedimentari profondi come i bacini del Whiting e delle Isole Vergini riflettono ulteriormente l'attività tettonica passata e attuale. Questa lunga storia geologica dell'attività dei confini delle placche ha portato alla formazione di terreni sottomarini complessi, ancora in gran parte sconosciuti.

La regione è caratterizzata da un'elevata sismicità e da una storia di grandi terremoti. Ad esempio, un terremoto di magnitudo 7,5 si è verificato a nord-ovest di Porto Rico nel 1943, seguito da terremoti di magnitudo 8.1 e 6.9 a nord di Hispaniola rispettivamente nel 1946 e nel 1953. Altri eventi sismici significativi includono un terremoto nel 1787 (magnitudo 8,1), forse nella fossa di Porto Rico, e un altro nel 1867 (magnitudo 7,5) nella fossa di Anegada, a sud delle Isole Vergini.

Inoltre, la regione presenta un chiaro rischio di tsunami. Poco dopo il terremoto del 1946, uno tsunami colpì il nord-est di Hispaniola, spostandosi per diversi chilometri nell'entroterra e provocando un gran numero di annegamenti. Nel 1918, un terremoto di magnitudo 7,5 generò uno tsunami che uccise almeno 40 persone nel nord-ovest di Porto Rico.

Nei Caraibi si osservano varie cause di tsunami, inclusi terremoti, frane sottomarine, eruzioni vulcaniche sottomarine, flussi piroclastici sottomarini e grandi tsunami noti come teletsunami. A causa della sua densità di popolazione e dell'ampio sviluppo vicino alla costa, Porto Rico è esposto a un rischio significativo di terremoti e tsunami.

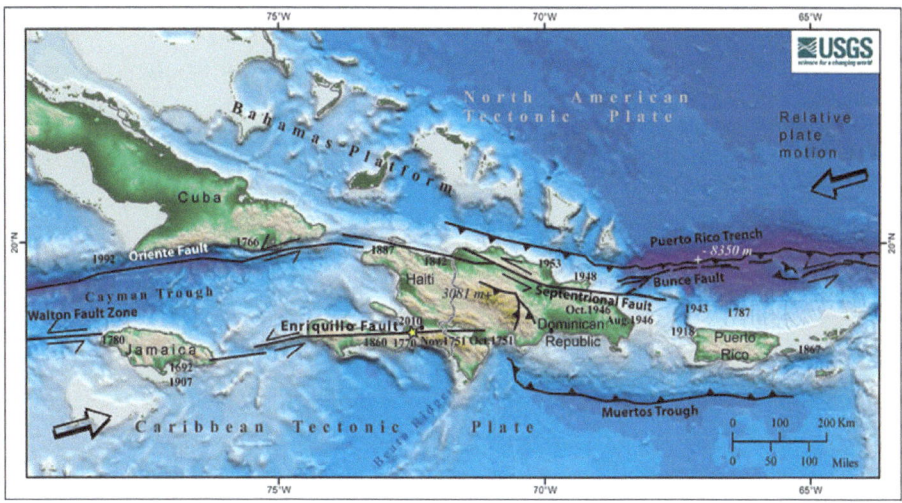

Mappa del confine delle placche tettoniche nordamericane e caraibiche. I colori indicano la profondità sotto il livello del mare e l'altitudine sulla terraferma. I numeri in grassetto sono gli anni di terremoti storici moderatamente grandi (maggiori di magnitudo 7) scritti accanto alle loro posizioni approssimative. L'asterisco indica il luogo del terremoto del 12 gennaio 2010 ad Haiti. Le linee di stratificazione della barra mostrano il confine dove una piastra o un blocco affonda sotto un altro. Le linee spesse con mezze frecce rappresentano faglie lungo le quali due blocchi si intersecano lateralmente. Immagine gentilmente concessa dall'US Geological Survey

Un'altra informazione rilevante è l'evidenza paleomagnetica, che gioca un ruolo cruciale nel convalidare e comprendere la teoria della tettonica a zolle. Questa prova si basa sull'analisi della documentazione magnetica conservata nelle rocce antiche, che fornisce preziose informazioni sulla posizione e l'orientamento dei continenti nel corso del tempo geologico.

Il campo magnetico terrestre è generato dal movimento di correnti elettriche nel nucleo esterno della Terra, composto principalmente da ferro liquido. Questo campo magnetico è fondamentalmente dipolare, nel senso che ha un polo nord magnetico e un polo sud magnetico. Nel corso della storia della Terra, il campo magnetico è variato in direzione e intensità, e le rocce formatesi in momenti diversi della storia della Terra conservano un'"impronta digitale" del campo magnetico che esisteva al momento in cui si sono formate

Studiando le proprietà magnetiche delle rocce antiche, i geologi possono determinare la direzione e l'intensità del campo magnetico nel momento in cui queste rocce si formarono. Questo viene fatto analizzando i minerali magnetici, come la magnetite, che tendono ad allinearsi con le linee del campo magnetico terrestre durante la loro formazione. Quando le rocce vengono raffreddate al di sotto di una certa temperatura, nota come temperatura di Curie, questi minerali "bloccano" il loro orientamento magnetico, preservando così un'immagine del campo magnetico che esisteva in quel momento.

Esaminando rocce di diverse età e luoghi in tutto il mondo, i geologi possono ricostruire la storia della deriva dei continenti e dei movimenti delle placche tettoniche. Ad esempio, le rocce formatesi a latitudini diverse avranno direzioni magnetiche diverse, riflettendo il movimento dei continenti nel corso del tempo geologico. Inoltre, la presenza di inversioni magnetiche, in cui il campo magnetico della Terra inverte i poli nord e sud, è evidente anche in molte rocce antiche, fornendo ulteriori prove della dinamica del campo magnetico terrestre e della deriva dei continenti.

Pertanto, le prove paleomagnetiche sono un potente strumento per ricostruire i movimenti tettonici delle placche e convalidare la teoria della tettonica a placche, fornendo una finestra unica sulla storia geologica della Terra.

Negli ultimi anni sono stati compiuti progressi significativi nella comprensione e nella modellizzazione dei processi tettonici, nonché nel miglioramento della tecnologia di osservazione e raccolta dati. Questi progressi hanno consentito un'analisi più dettagliata e precisa della dinamica tettonica delle placche e dei fenomeni geologici correlati. Tra le novità più importanti ci sono le seguenti:

Modellazione computazionale avanzata: il miglioramento della tecnologia computazionale ha reso possibile la creazione di modelli sempre più sofisticati per simulare i processi tettonici.

Questi modelli incorporano un'ampia gamma di variabili, come la viscosità del mantello, la distribuzione del calore all'interno della Terra e l'interazione delle placche tettoniche. Queste simulazioni contribuiscono a una comprensione più profonda di come diversi fattori influenzano il movimento delle placche e aiutano a prevedere scenari futuri.

Immagini ad alta risoluzione dell'interno della Terra: nuove tecniche di imaging, come la tomografia sismica, hanno permesso di ottenere immagini dettagliate dell'interno della Terra con una risoluzione senza precedenti. Queste tecniche consentono di identificare strutture come pennacchi di mantello, zone di subduzione e faglie geologiche, fornendo una comprensione più raffinata della struttura delle placche tettoniche e delle loro interazioni.

Monitoraggio continuo dell'attività sismica e vulcanica: le reti globali di monitoraggio sismico e vulcanico consentono il monitoraggio in tempo reale dell'attività geologica su scala globale. Questi includono terremoti, eruzioni vulcaniche e movimenti delle placche tettoniche. Questi dati in tempo reale sono essenziali per comprendere meglio la distribuzione e i modelli dell'attività geologica, nonché per prevedere e mitigare i rischi naturali associati.

Esplorazione di aree poco conosciute: con il progresso della tecnologia di esplorazione subacquea, aree precedentemente poco esplorate, come le dorsali oceaniche e le fosse abissali, sono state studiate in modo più dettagliato. Questa esplorazione ha portato a scoperte sorprendenti, tra cui nuove specie marine, formazioni geologiche uniche e processi tettonici precedentemente sconosciuti. Queste scoperte hanno ampliato la nostra conoscenza della dinamica della tettonica a placche e dei processi geologici sottomarini.

L'effetto della tettonica a placche sulla geografia e sulla vita sulla Terra è profondo e sfaccettato. Il movimento delle placche tettoniche svolge un ruolo cruciale nella formazione e nella configurazione di continenti, oceani e morfologie. Inoltre, influenza direttamente il clima, la distribuzione degli ecosistemi e l'evoluzione delle specie nel corso dei tempi geologici.

I movimenti delle placche tettoniche possono causare la separazione dei continenti, la formazione di catene montuose, l'apertura e la chiusura dei bacini oceanici e cambiamenti nella circolazione oceanica e atmosferica. Ciò ha un impatto significativo sulla distribuzione dei biomi terrestri, sulla formazione dei deserti, sulla creazione di barriere geografiche alla migrazione delle specie e sulla formazione dei modelli climatici regionali.

Inoltre, l'attività tettonica come i terremoti e il vulcanismo possono avere effetti diretti sulla vita sulla Terra. I terremoti possono causare la distruzione degli habitat naturali, lo sfollamento delle popolazioni umane e danni alle infrastrutture. I vulcani possono modificare temporaneamente il clima a causa dell'emissione di gas e particelle nell'atmosfera, influenzando la temperatura globale e la composizione chimica dell'atmosfera.

D'altro canto, la tettonica a placche può anche creare condizioni favorevoli per la vita. Ad esempio, l'attività vulcanica può arricchire il suolo di minerali essenziali per la crescita delle piante. La formazione di catene montuose può creare una varietà di habitat ecologici, promuovendo la diversità biologica. Inoltre, la deriva dei continenti può facilitare lo scambio di specie tra i continenti, guidando l'evoluzione e l'adattamento degli organismi. Negli ultimi anni, i progressi nella comprensione della tettonica a placche sono stati guidati dal progresso tecnologico e dalla collaborazione tra scienziati di diversi campi. Questa collaborazione ha prodotto una visione più completa e dettagliata dei processi geologici che modellano la superficie terrestre, fornendo una comprensione più chiara dei rischi naturali associati a questi fenomeni.

In breve, la tettonica a placche esercita un'influenza profonda e complessa sulla geografia e sulla vita sulla Terra. I movimenti delle placche modellano gli ambienti naturali, influenzano i modelli climatici e di biodiversità e influenzano direttamente la sopravvivenza e il benessere delle specie, compreso l'uomo. Questa migliore comprensione dei processi tettonici è essenziale per prevedere e mitigare i rischi naturali e per una gestione più efficace del nostro pianeta.

CAPITOLO 3: MISURAZIONE E MONITORAGGIO DELLA TETTONICA DELLE PLACCHE

In questo capitolo entriamo nel complesso ambito della misurazione e del monitoraggio nel campo della tettonica a placche, un campo di studio che svela i meccanismi alla base dei movimenti tellurici. In questo segmento, siamo portati in un viaggio di ricerca che trascende la superficie terrestre, esplorando i progressi e le sfide inerenti all'acquisizione e all'analisi dei dati geodetici e geofisici. Questi sforzi, profondamente radicati nei fondamenti della scienza geologica, non solo svelano le dinamiche intrinseche del pianeta, ma descrivono anche le tecniche e le tecnologie all'avanguardia utilizzate in questo sforzo. Attraverso un'analisi approfondita dell'attività sismica e vulcanica, questo capitolo cerca non solo di delucidare i fenomeni geodinamici, ma anche di fornire supporto per la formulazione di strategie di prevenzione e gestione dei rischi geologici. Pertanto, entrare in questo capitolo non significa solo entrare nell'abisso della ricerca scientifica, ma è anche un invito a svelare gli enigmi che popolano l'interno della Terra, plasmando la nostra comprensione del mondo in cui abitiamo.

Tecniche di misurazione: Nello studio della tettonica a placche, la precisione delle misurazioni gioca un ruolo centrale nella comprensione dei movimenti e delle interazioni delle placche tettoniche. Tra le tecniche utilizzate, la geodesia satellitare si distingue come strumento fondamentale. Utilizzando sistemi di posizionamento globale, come il GPS, questa tecnica consente di rilevare cambiamenti minimi nella posizione delle placche nel tempo. Queste misurazioni raffinate e coerenti forniscono una solida base per l'analisi geodinamica, consentendo una quantificazione accurata dei tassi di spostamento delle placche e l'identificazione dei modelli di movimento.

Un altro approccio cruciale è la sismologia ad alta precisione. Attraverso reti di stazioni sismiche distribuite a livello globale, gli scienziati registrano i terremoti e ne analizzano le caratteristiche per mappare l'attività sismica nelle aree di frontiera tettonica. Queste misurazioni sismiche forniscono preziose informazioni sulla distribuzione spaziale e temporale degli eventi sismici, consentendo una comprensione più profonda dell'attività tettonica su scala globale.

Oltre alle tecniche di geodesia e sismologia, altri strumenti di misurazione svolgono un ruolo importante nell'analisi della tettonica a placche. La magnetometria, ad esempio, viene utilizzata per mappare la distribuzione del campo magnetico terrestre e identificare anomalie magnetiche associate a strutture geologiche, come zone di subduzione e dorsali medio-oceaniche. Allo stesso modo, la gravimetria viene utilizzata per mappare le variazioni della gravità terrestre, rivelando la distribuzione delle masse nella crosta terrestre e fornendo informazioni sulla struttura e l'evoluzione delle placche tettoniche.

Tecnologie di imaging: Nel contesto della ricerca sulla tettonica a placche, le tecnologie di imaging svolgono un ruolo cruciale nel visualizzare e analizzare le caratteristiche della tettonica a placche e le loro interazioni. Una delle tecniche più importanti è la tomografia sismica, che utilizza i dati dei terremoti per mappare la struttura interna della Terra. Analizzando le onde sismiche generate dai terremoti, gli scienziati possono ricostruire immagini tridimensionali della distribuzione dei materiali e delle strutture all'interno del pianeta. Ciò fornisce informazioni rilevanti sulla composizione e la dinamica della tettonica a placche, oltre ad aiutare a identificare i processi geologici sottostanti, come la subduzione e l'intrusione magmatica.

Un'altra tecnologia importante è il sonar a scansione laterale, ampiamente utilizzato per mappare il fondale oceanico. Questa tecnica utilizza le onde sonore per creare immagini ad alta risoluzione di rilievi sottomarini, rivelando caratteristiche geologiche come dorsali oceaniche, fosse abissali e faglie tettoniche. Inoltre, il sonar a scansione laterale è essenziale per identificare le caratteristiche sottomarine associate all'attività tettonica, come i vulcani sottomarini e le catene montuose.

Oltre alle tecniche citate, altre tecnologie di imaging svolgono un ruolo importante nella ricerca sulla tettonica delle placche. La magnetometria, ad esempio, viene utilizzata per mappare la distribuzione del campo magnetico terrestre, fornendo informazioni sulla struttura e l'evoluzione della tettonica a placche. Allo stesso modo, il radar interferometrico ad apertura sintetica (InSAR) viene utilizzato per misurare gli spostamenti superficiali con precisione millimetrica, consentendo il rilevamento delle deformazioni della crosta terrestre associate all'attività tettonica.

Il radar interferometrico ad apertura sintetica (InSAR) è una tecnica geodetica utilizzata per identificare i movimenti sulla superficie terrestre. Le osservazioni effettuate tramite InSAR sono in grado di rilevare, misurare e monitorare i cambiamenti nella crosta terrestre legati a processi geofisici, come attività tettoniche ed eruzioni vulcaniche. Inoltre, InSAR può identificare la subsidenza del suolo causata da influenze antropiche, come l'esplorazione delle falde acquifere o l'estrazione di idrocarburi. Se combinato con sistemi di monitoraggio geodetico a terra, come i sistemi satellitari di navigazione globale, InSAR è in grado di identificare i movimenti della superficie con una risoluzione spaziale da millimetri a centimetri.

Questa tecnica è applicabile in un'ampia varietà di studi relativi alla deformazione superficiale, come ad esempio:

- Subsidenza e sollevamento indotti da attività antropiche, come l'estrazione di acque sotterranee o di idrocarburi, o la reiniezione in serbatoi durante la cattura e lo stoccaggio del carbonio.

- Deformazione cosismica avvenuta durante i terremoti.

- Deformazione post-sismica e intersismica nelle faglie corticali tra terremoti.

- Gonfiaggio/sgonfiaggio delle camere magmatiche sotterranee prima delle eruzioni vulcaniche.

- Monitoraggio dei movimenti di superficie in ambienti urbani.

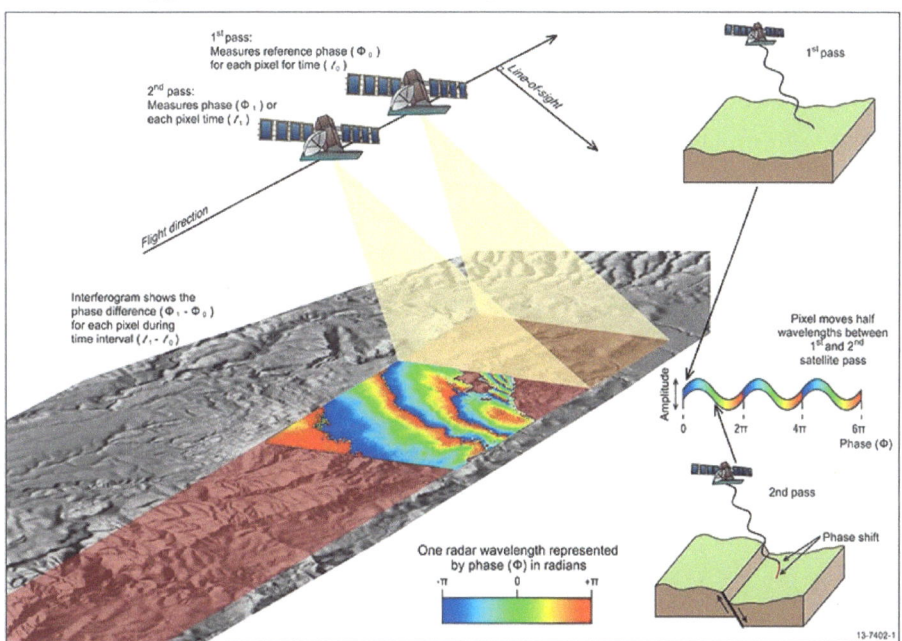

Due immagini SAR della stessa area vengono acquisite in momenti diversi. Se la superficie si sposta tra le due acquisizioni, verrà registrato un cambiamento di fase. Un interferogramma mappa spazialmente questo cambiamento di fase. FONTE e IMMAGINE: Governo australiano;*Geoscienza Australia*

InSAR utilizza due o più immagini radar ad apertura sintetica (SAR) di una regione per tracciare i movimenti della superficie nel tempo. I satelliti di telerilevamento che catturano immagini SAR emettono impulsi di energia a microonde sulla superficie terrestre e registrano la quantità di energia riflessa. Grazie alla sua bassa sensibilità alle nuvole e alla pioggia, l'uso dell'energia a microonde offre la possibilità di operare in qualsiasi condizione atmosferica.

Le immagini SAR contengono dati sulla superficie terrestre sotto forma di componenti di ampiezza e fase del segnale radar riflesso. L'immagine di ampiezza fornisce informazioni sulla topografia e la struttura della superficie, mentre l'immagine di fase rivela la distanza tra il satellite e la superficie terrestre.

L'InSAR differenziale utilizza due immagini SAR della stessa regione, acquisite in momenti diversi. Se si verifica un cambiamento nella distanza tra terra e satellite tra le due acquisizioni a causa del movimento della superficie, si verificherà un cambiamento nella fase del segnale (Figura 1).

Se osservato spazialmente, lo sfasamento è rappresentato come un segnale "arricciato" entro un intervallo di 2 radianti, che appare come una serie di frange di interferenza in un interferogramma (Figura 2A). Svolgendo questo interferogramma, il numero di frange viene regolato per fornire un campo continuo di cambiamento di fase relativo (Figura 2B). Inizialmente l'interferogramma contiene diverse componenti del segnale, come detriti dovuti all'orbita del satellite e variazioni atmosferiche durante le due acquisizioni. Dopo aver elaborato una serie di interferogrammi è possibile isolare la componente del segnale legata al movimento superficiale.

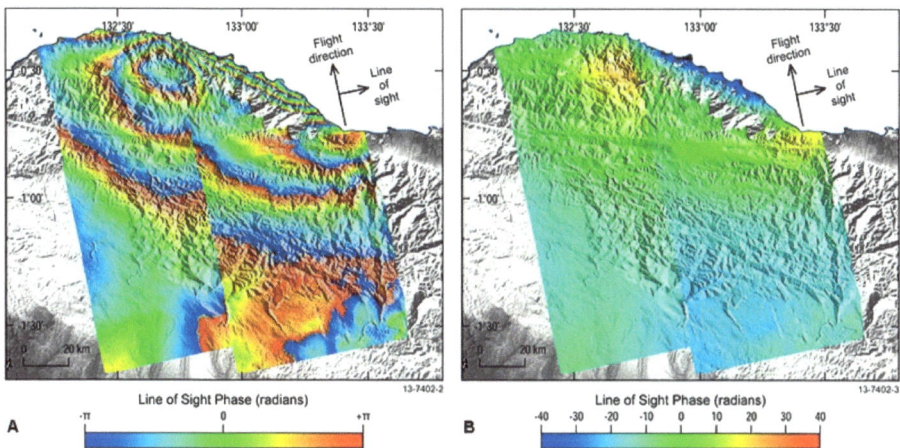

*Figura 2: Interferogramma avvolto (A) e scartato (B) di un doppietto sismico avvenuto nella Papua occidentale, in Indonesia, creato utilizzando i dati del satellite giapponese ALOS. I terremoti di magnitudo 7,6 e 7,4 si sono verificati il 3 gennaio 2009, a 3 ore di distanza l'uno dall'altro e sono stati causatida subducQuio nella trincea marina di Manokwari, che èLuisituato a nord della costa. Fase nLuil'impaccamento in radianti può essere convertito in 'mudanwportata' o spostamento in migliaiaLàmetri con conoscenza della lunghezza d'onda del radar satellitare.FONTE e IMMAGINE: Governo australiano;**Geoscienza Australia***

Integrando una serie di interferogrammi su una data regione, è possibile generare mappe di velocità e prodotti di serie temporali (Figura 3). Una mappa di velocità fornisce informazioni sullo spostamento superficiale di ciascun pixel dell'immagine durante il periodo di osservazione, mentre il prodotto della serie temporale registra l'evoluzione delle posizioni superficiali di un pixel in ciascun momento di acquisizione. Il primo è utile per mappare processi geofisici continui nel tempo, come l'accumulo di deformazione su una faglia crostale bloccata. Quest'ultimo è utile per identificare processi geofisici che variano significativamente nel tempo e che possono causare fluttuazioni nella direzione dello spostamento superficiale, come nel caso del gonfiaggio e sgonfiaggio di una camera magmatica sotto un vulcano attivo.

Envisat Asar: Fonte: Agenzia spaziale europea (ESA)

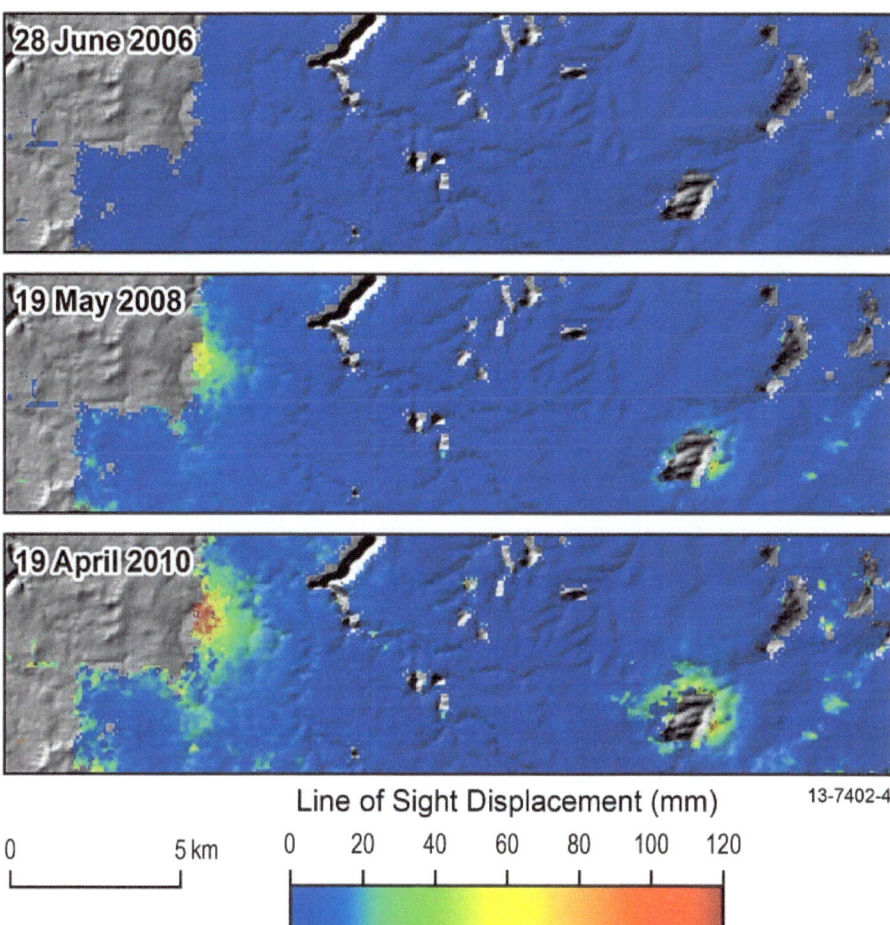

Line of Sight Displacement (mm)   13-7402-4

0   5 km   0   20   40   60   80   100   120

Figura 3: Prodotto della serie temporale InSAR che mostra lo spostamento superficiale cumulativo nel tempo per una piccola regione nei bacini carboniferi meridionali del New South Wales. Le osservazioni di spostamento unidimensionale sono nella linea di vista del satellite. il percorso inclinato tra il suolo e la posizione del satellite. La polarità positiva del segnale in due zone anomale indica un allontanamento dal satellite (cioè affondamento)

31

CAPITOLO 4:UN'ANALISI EVOLUTIVA DELLE SCALE SISMICHE: DALLA FONDAZIONE RICHTER ALLA COMPLESSITÀ DELLA MAGNITUDO MOMENTO

La scala Richter è una scala di magnitudo utilizzata per quantificare l'energia rilasciata da un terremoto. È stato sviluppato nel 1935 dal sismologo Charles F. Richter, della California, negli Stati Uniti. Inizialmente, è stato progettato per misurare i terremoti nella regione della California, ma col tempo è diventato uno strumento riconosciuto a livello mondiale per classificare i terremoti.

La scala è logaritmica, il che significa che un aumento di un punto sulla scala rappresenta un aumento di 10 volte dell'ampiezza dell'onda sismica e circa 31,6 volte più energia rilasciata. Ad esempio, un terremoto di magnitudo 6 rilascia circa 31,6 volte più energia di un terremoto di magnitudo 5.

Nel corso degli anni la scala Richter ha subito alcune revisioni e miglioramenti. Uno dei motivi principali di ciò è stata la necessità di migliorare la precisione delle misurazioni, soprattutto in caso di grandi terremoti. La scala Richter originale presentava limitazioni nella distanza massima alla quale poteva essere utilizzata efficacemente e nella capacità di misurare terremoti molto grandi.

Oggi, la scala Richter è stata in gran parte sostituita dalla scala della magnitudo momento (o semplicemente magnitudo momento), che è una misura più accurata dell'energia totale rilasciata da un terremoto. Tuttavia, il termine "scala Richter" è ancora usato colloquialmente per descrivere la magnitudo di un terremoto, sebbene la magnitudo effettiva venga determinata utilizzando altre scale più avanzate.

Per affrontare l'ampia gamma di energia rilasciata nei terremoti di diversa magnitudo, la scala Richter utilizza un approccio simile alla scala di magnitudo stellare in astronomia, che descrive la luminosità delle stelle e di altri oggetti celesti. Entrambe le scale utilizzano una scala logaritmica, con base 10.

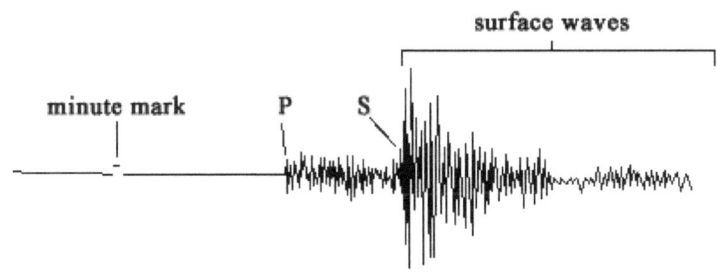

Utilizzando valori facilmente misurabili sulla registrazione grafica del sismografo, il valore viene calcolato utilizzando la seguente equazione:

$$M = \log_{10} A + 3 \log_{10}(8\Delta t) - 2,92 = \log_{10}\left(\frac{A \cdot \Delta t^3}{1,62}\right)$$

A= ampiezza delle onde sismiche, in millimetri, misurata direttamente sul sismogramma.
In= tempo, in secondi, dall'inizio del treno di onde P (primarie) all'arrivo delle onde S (secondarie).
METRO= magnitudo arbitraria ma costante, applicabile a terremoti che rilasciano la stessa quantità di energia.

Il rilascio di energia durante un terremoto, direttamente correlato al suo potere distruttivo, corrisponde alla potenza di 3/2 dell'ampiezza sismica. Pertanto, una differenza di magnitudo pari a 1,0 equivale a una moltiplicazione per un fattore pari a $(31,6)$ dell'energia rilasciata dal terremoto, mentre una differenza di magnitudo pari a 2,0 equivale a una moltiplicazione per un fattore pari a (1.000).

A causa delle limitazioni del sismografo torsionale Wood-Anderson utilizzato per sviluppare la scala, la magnitudo originale (M_L) non può essere calcolata per terremoti di magnitudo superiore a (6.8). Sono state proposte diverse estensioni alla scala di magnitudo locale, le più popolari sono la magnitudo dell'onda superficiale MS e la magnitudo dell'onda corporea Mb.

A causa di questa limitazione, il sistema internazionale di monitoraggio sismico utilizza questa scala solo per determinare l'energia rilasciata dai terremoti con magnitudo compresa tra 2.0 e 6.9, con ipocentri a profondità di 0 in 400 chilometri. Quando un terremoto ha una magnitudo superiore a 6.9, la scala Richter non è più applicabile e la magnitudo viene valutata utilizzando la scala di magnitudo del momento sismico (M_w).

Nonostante la sua ampia diffusione e utilizzo, la scala sismologica Richter presenta diverse difficoltà nella sua ampia applicazione, che ne portano alla progressiva obsolescenza rispetto alle nuove scale sviluppate a partire da parametri fisicamente misurabili.

Il problema principale con la magnitudo locale ML o magnitudo di Richter risiede nella difficoltà di stabilire un rapporto con le caratteristiche fisiche dell'origine del terremoto. Inoltre, esiste un effetto di saturazione per magnitudo vicine a $8.3-8.5$, dovuto alla legge di distribuzione dello spettro sismico di Gutenberg-Richter, che si traduce in stime di magnitudo simili per terremoti di diversa intensità.

Negli ultimi decenni del XX secolo e all'inizio del XXI, la maggior parte dei sismologi iniziò a considerare obsolete le tradizionali scale di magnitudo, venendo progressivamente sostituite da una misurazione fisicamente più significativa chiamata momento sismico, che mette in relazione parametri fisici come la dimensione della massa sismica . rottura e l'energia rilasciata dal terremoto.

Nel 1979, i sismologi Thomas C. Hanks e Hiroo Kanamori, ricercatori del California Institute of Technology, hanno proposto la scala di magnitudo del momento sismologico (M_W), che è uno dei riferimenti attualmente utilizzati.

I più grandi centri sismologici del mondo sono istituzioni dedicate allo studio e al monitoraggio dei terremoti e delle attività sismiche. Alcuni dei principali centri sismologici includono:

1. United States Geological Survey (USGS): questo è uno dei maggiori centri sismologici del mondo, situato negli Stati Uniti. Fornisce informazioni complete sui terremoti in tutto il mondo e gestisce la rete sismica nazionale degli Stati Uniti.

2. Istituto Geofisico del Perù (IGP) - Situato in Perù, l'IGP è un'istituzione leader in America Latina nella ricerca e nel monitoraggio delle attività sismiche.

3. Agenzia meteorologica giapponese (JMA): La JMA è responsabile del monitoraggio dei terremoti in Giappone, una nazione soggetta a terremoti a causa della sua posizione all'incrocio delle placche tettoniche.

4. Centro Sismologico Nazionale (CSN) - Situato in Cile, il CSN è responsabile del monitoraggio dei terremoti nella regione del Pacifico meridionale, nota per la sua elevata attività sismica.

5. Centro sismologico europeo-mediterraneo (EMSC): con sede a Parigi, Francia, l'EMSC monitora e fornisce informazioni sui terremoti nella regione euro-mediterranea e oltre.

In Brasile, il principale centro sismologico è l'Osservatorio Sismologico dell'Università di Brasilia (Obsis-UnB). L'Obsis-UnB è responsabile del monitoraggio dell'attività sismica nel Paese e della ricerca relativa ai terremoti e alla sismologia. Svolge un ruolo importante nella comprensione dell'attività sismica in Brasile e nella mitigazione dei rischi associati ai terremoti.

Oltre ai centri sismologici sopra menzionati, molti altri paesi in tutto il mondo dispongono di istituzioni dedicate al monitoraggio dei terremoti e delle attività sismiche. Alcuni di questi paesi includono:

1. Cina – Amministrazione cinese per i terremoti (CEA)

2. Italia - Istituto Nazionale di Geofisica e Vulcanologia (INGV)

3. Russia - Accademia Russa delle Scienze (RAS), Istituto di teoria della previsione dei terremoti e geofisica matematica

4. Türkiye – Osservatorio Kandilli e Istituto di ricerca sui terremoti (KOERI)

5. Messico - Servizio Sismico Nazionale (SSN)

6. Iran - Istituto di Geofisica, Università di Teheran

7. Nuova Zelanda - GeoNet

8. Indonesia - Agenzia indonesiana di meteorologia, climatologia e geofisica (BMKG)

Questi sono solo alcuni esempi, ma anche molti altri paesi hanno le proprie istituzioni dedicate allo studio e al monitoraggio dei terremoti e dell'attività sismica.

Questi centri, insieme a molti altri in tutto il mondo, svolgono un ruolo cruciale nel monitoraggio e nella mitigazione dei rischi legati ai terremoti e all'attività sismica.

I sismologi Beno Gutenberg e Charles F. Richter

CAPITOLO 5: SISMOLOGIA E TERREMOTI

La sismologia, branca della geofisica dedicata allo studio dei terremoti e dei fenomeni sismici, è una disciplina estremamente importante per comprendere i terremoti e mitigare i rischi associati a questi eventi naturali. Questo capitolo propone un'indagine dettagliata dei principi fondamentali della sismologia e della complessità dei terremoti, esplorando i processi fisici sottostanti, i metodi di rilevamento e monitoraggio e i recenti progressi in questo campo di studio.

Principi fondamentali della sismologia: propagazione delle onde sismiche

La propagazione delle onde sismiche costituisce un fenomeno complesso, la cui comprensione è fondamentale per la sismologia. Le onde sismiche sono generate da eventi tettonici, come i terremoti, e si propagano attraverso la Terra, trasportando informazioni sulla natura e sulla distribuzione delle forze coinvolte. Esistono tre tipi principali di onde sismiche: onde primarie (P), onde secondarie (S) e onde di superficie (Rayleigh e Love), ciascuna caratterizzata da diverse modalità di propagazione e comportamento.

Le onde primarie (P) sono onde longitudinali che si propagano attraverso mezzi solidi e fluidi, essendo capaci di muoversi sia all'interno della Terra che sulla sua superficie. Queste onde sono le più veloci e, di conseguenza, le prime ad essere registrate nelle stazioni sismologiche dopo un terremoto. La sua capacità di diffondersi attraverso materiali diversi è dovuta alla compressione ed espansione alternata delle particelle nel mezzo.

Le onde secondarie (S) sono onde trasversali che si propagano solo nei mezzi solidi. Queste onde sono più lente delle onde P e si muovono perpendicolarmente alla direzione di propagazione, provocando un moto vibratorio perpendicolare alla direzione di propagazione dell'onda. Le onde S non possono propagarsi attraverso i liquidi e quindi non vengono osservate nel nucleo liquido esterno della Terra.

Infine, le onde superficiali, che comprendono le onde di Rayleigh e Love, sono onde che si propagano lungo la superficie terrestre e sono responsabili della maggior parte dei danni causati dai terremoti. Le onde di Rayleigh sono onde di superficie che producono movimenti circolari delle particelle nel piano perpendicolare alla direzione di propagazione, mentre le onde di Love sono onde di superficie che producono movimenti orizzontali perpendicolari alla direzione di propagazione. Entrambe le onde sono il risultato dell'interazione delle onde P ed S con la superficie terrestre e sono cruciali per comprendere la distribuzione e l'impatto dei terremoti.

Struttura interna della Terra:

Lo studio della struttura interna della Terra è fondamentale per comprendere i processi geologici e sismici che avvengono all'interno del pianeta. Dall'analisi delle onde sismiche generate dai terremoti è possibile dedurre la composizione e la distribuzione dei diversi strati geologici che compongono la Terra.

La crosta terrestre è lo strato più esterno e sottile della Terra, composto da rocce solide frammentate in placche tettoniche. Sotto la crosta si trova il mantello, una regione più spessa composta da rocce solide e parzialmente fuse. Il mantello è suddiviso in mantello superiore e mantello inferiore, con proprietà fisiche e chimiche diverse.

Nel nucleo della Terra ci sono il nucleo esterno e il nucleo interno. Il nucleo esterno è una regione liquida di ferro e nichel, situata sotto il mantello, mentre il nucleo interno è una regione solida di questi stessi materiali, situata al centro del pianeta.

Tra i diversi strati geologici esistono importanti discontinuità che segnano brusche transizioni nelle proprietà fisiche e chimiche del materiale terrestre. La discontinuità di Mohorovičić (Moho), ad esempio, separa la crosta dal mantello ed è caratterizzata da un cambiamento nella velocità delle onde sismiche. Un'altra importante discontinuità è la discontinuità di Gutenberg, che separa il mantello dal nucleo e segna la transizione tra materiali solidi e liquidi.

Sismometria ad alta precisione

La sismometria ad alta precisione costituisce un approccio avanzato per il rilevamento e il monitoraggio degli eventi sismici, caratterizzato dall'uso di strumentazione altamente sensibile e metodi di analisi raffinati. Questa tecnica si basa sulla cattura e l'interpretazione dei segnali sismici con estrema precisione, consentendo la rilevazione di terremoti di piccola magnitudo e l'analisi dettagliata dell'attività sismica in aree di interesse geologico.

I sismometri ad alta precisione sono strumenti progettati per registrare le onde sismiche con una sensibilità eccezionale, catturando anche i più piccoli movimenti del terreno. Questi dispositivi sono dotati di componenti sensibili e sofisticati, come sensori di accelerazione e velocità del suolo, che consentono loro di rilevare e registrare piccole oscillazioni causate da eventi sismici.

Oltre alla strumentazione, la sismometria ad alta precisione prevede anche l'uso di tecniche avanzate di elaborazione dei dati, come l'analisi spettrale e il filtraggio del rumore. Questi metodi consentono di estrarre informazioni dettagliate dai segnali sismici registrati, identificare modelli caratteristici di diversi tipi di eventi sismici e distinguerli dal rumore di fondo.

L'uso della sismometria ad alta precisione si è rivelato cruciale in varie applicazioni, dal monitoraggio dell'attività sismica nelle aree a rischio allo studio dei processi geodinamici su scala locale e regionale. La capacità di rilevare e analizzare eventi sismici con precisione millimetrica consente una comprensione più profonda dell'attività tettonica e contribuisce allo sviluppo di strategie efficaci per mitigare e prevenire i disastri naturali.

Modellazione e simulazione numerica

La modellazione numerica e la simulazione sono approcci fondamentali nello studio dei fenomeni sismici, consentendo la rappresentazione matematica e computazionale dei processi fisici coinvolti nella generazione e propagazione delle onde sismiche. Questa metodologia si basa sulla formulazione di equazioni che descrivono le leggi fondamentali della fisica, come le equazioni del moto e le leggi della termodinamica, adatte a rappresentare il comportamento complesso del sistema Terra.

Attraverso la modellazione numerica è possibile simulare il comportamento delle onde sismiche in diversi scenari geologici e in diverse condizioni al contorno. Ciò include la rappresentazione di fonti sismiche come terremoti e attività vulcanica e la modellazione della propagazione delle onde attraverso mezzi eterogenei e anisotropi come la crosta e il mantello terrestre.

Le simulazioni numeriche vengono effettuate in ambienti di calcolo ad alte prestazioni, utilizzando sofisticati algoritmi e tecniche avanzate di discretizzazione numerica. Questi modelli computerizzati sono in grado di riprodurre accuratamente i modelli di propagazione delle onde sismiche e di prevedere gli effetti dei terremoti in diverse regioni geografiche.

La modellazione e la simulazione numerica hanno diverse applicazioni in sismologia, dalla previsione dei rischi sismici e la valutazione della vulnerabilità delle strutture civili allo studio della dinamica della tettonica a placche e allo studio dei processi geodinamici su larga scala. Questo approccio fornisce una comprensione più profonda dei fenomeni sismici e contribuisce allo sviluppo di strategie efficaci per mitigare e adattarsi ai disastri naturali.

Studi multidisciplinari

Un approccio multidisciplinare alla ricerca sismica è essenziale per una comprensione completa dei fenomeni geodinamici e dei rischi sismici associati. Questa metodologia integra dati e conoscenze provenienti da diverse aree scientifiche, come geografia, geologia, geofisica, geodesia, ingegneria civile e informatica, per un'analisi olistica dei processi sismici e delle loro implicazioni geodinamiche.

La collaborazione tra diverse discipline consente un'analisi più approfondita e completa dei terremoti e dell'attività tettonica, fornendo una varietà di prospettive e conoscenze complementari. Ad esempio, la geologia fornisce informazioni sulla storia geologica e sulla struttura della crosta terrestre, mentre la geofisica fornisce metodi di rilevamento per indagare le proprietà fisiche e chimiche dell'interno della Terra.

Inoltre, la geodesia fornisce tecniche per misurare i movimenti della crosta terrestre e le deformazioni della superficie terrestre, consentendo una valutazione accurata dell'attività sismica e del movimento delle placche tettoniche. L'ingegneria civile fornisce conoscenze sulla resistenza e sulla vulnerabilità delle strutture all'azione sismica, contribuendo a sviluppare standard di costruzione e misure di mitigazione del rischio.

La geografia gioca un ruolo fondamentale negli studi multidisciplinari sulla sismologia e sui terremoti, fornendo una prospettiva spaziale e contestuale per comprendere la distribuzione e gli effetti degli eventi sismici. Attraverso questa scienza è possibile analizzare la distribuzione geografica dei terremoti, identificare le aree ad alto rischio sismico e comprendere i modelli di movimento delle placche tettoniche.

Inoltre, la geografia contribuisce a comprendere gli impatti dei terremoti sul paesaggio terrestre e sulle comunità umane. Consente di mappare le aree colpite dai terremoti, identificare le vulnerabilità geografiche e socioeconomiche e valutare la capacità di risposta e di recupero delle comunità colpite.

L'analisi geografica è essenziale anche per comprendere le complesse interazioni tra processi tettonici e altri fenomeni naturali, come il vulcanismo, gli tsunami e i movimenti di massa. Aiuta a identificare modelli di attività sismica in diverse regioni geografiche, collegandoli a specifiche caratteristiche geologiche, topografiche e climatiche.

Inoltre, questa scienza fornisce una base spaziale per integrare dati e conoscenze provenienti da diverse discipline scientifiche, facilitando la collaborazione tra geologi, geofisici, ingegneri civili, sociologi e altri specialisti.

L'informatica gioca un ruolo fondamentale nell'analisi e nell'interpretazione di grandi volumi di dati sismici, nonché nella modellazione numerica e nella simulazione di terremoti e processi geodinamici. L'utilizzo di tecniche avanzate di analisi dei dati e di visualizzazione tridimensionale consente un'analisi più precisa e dettagliata dei fenomeni sismici e delle loro conseguenze.

In sintesi, gli studi multidisciplinari sono essenziali per far avanzare la conoscenza sui terremoti e sull'attività tettonica, fornendo una solida base per lo sviluppo di strategie di mitigazione del rischio e di protezione delle comunità umane dagli impatti dei disastri naturali. La collaborazione tra diverse discipline scientifiche è fondamentale per affrontare le complesse sfide associate alla comprensione e alla prevenzione dei terremoti.

Studi dettagliati di sismologia e terremoti hanno rivelato la complessità dei processi geodinamici che modellano la crosta terrestre. Attraverso l'integrazione di diverse discipline scientifiche, abbiamo compiuto notevoli progressi nella comprensione dei fenomeni sismici e nella prevenzione delle catastrofi naturali.

Tecniche avanzate di rilevamento, monitoraggio e modellazione numerica hanno consentito un'analisi più precisa e dettagliata dell'attività sismica e dei suoi effetti.

Tuttavia, nonostante i progressi compiuti, c'è ancora molto da esplorare e comprendere sui terremoti e sulla loro interazione con l'ambiente terrestre. La sfida rimane lo sviluppo di metodi e tecnologie più avanzati, nonché la continua collaborazione tra scienziati di varie discipline, per affrontare le complesse sfide associate alla sismologia e alla protezione delle comunità dai rischi sismici.

In definitiva, è fondamentale mantenere l'impegno nella ricerca scientifica e nella cooperazione internazionale per far progredire la comprensione dei terremoti e garantire la sicurezza e il benessere delle popolazioni di tutto il mondo. Solo attraverso uno sforzo congiunto e una dedizione continua possiamo affrontare le sfide poste dai fenomeni sismici.

CAPITOLO 6: FORMAZIONI DI TSUNAMI

Quando si parla di tsunami, è essenziale comprendere la natura di questi fenomeni oceanici estremamente potenti. Gli tsunami, detti anche tsunami, sono eventi catastrofici innescati da una serie di fattori geodinamici, solitamente associati a terremoti sottomarini, ma possono anche derivare da eruzioni vulcaniche, frane sottomarine e persino impatti di meteoriti.

La formazione di uno tsunami solitamente inizia con un evento improvviso che disturba il fondale oceanico, come un terremoto sottomarino. Quando si verifica una rottura nella crosta terrestre sotto l'oceano, viene rilasciata una grande quantità di energia, innescando un'onda iniziale nota come onda di spostamento. Quest'onda disturba la superficie dell'oceano e genera una serie di onde di lungo periodo che si propagano radialmente dal punto di origine.

L'improvviso spostamento del fondale marino provoca una ridistribuzione della massa d'acqua, creando un'onda che si muove rapidamente nell'acqua. Questa ondata iniziale è solo l'inizio di quello che potrebbe diventare un fenomeno devastante. Quando un'onda di tsunami si muove attraverso l'oceano può viaggiare a velocità estremamente elevate, raggiungendo talvolta centinaia di chilometri all'ora in acque profonde.

Tuttavia, man mano che si avvicina alla costa e incontra acque meno profonde, quest'onda inizia a rallentare e la sua altezza aumenta in modo significativo. Questo fenomeno è noto come amplificazione dello tsunami. Quando l'onda raggiunge finalmente la costa, può causare gravi inondazioni e distruzioni di massa, costituendo una seria minaccia per le comunità costiere.

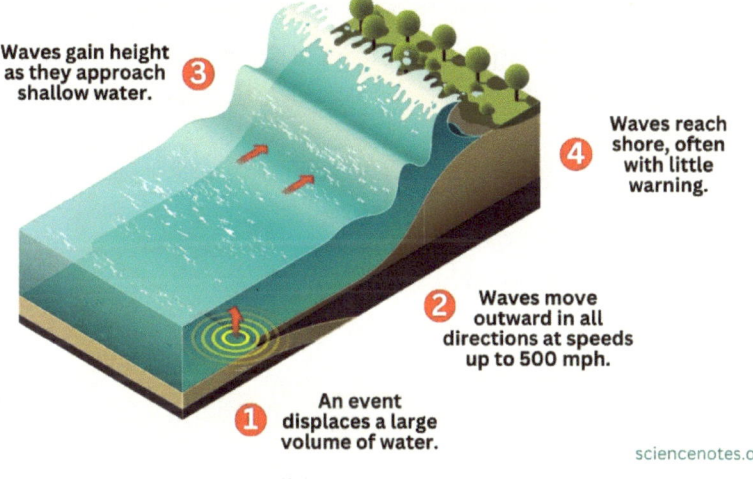

Crediti immagine

Le caratteristiche distintive degli tsunami li differenziano dalle onde ordinarie in diversi modi importanti, conferendo loro una natura unica e potenzialmente devastante:

1. Lunghezze d'onda lunghe: A differenza delle onde normali, gli tsunami hanno lunghezze d'onda straordinariamente lunghe, che raggiungono fino a 200 miglia. Questa lunghezza eccezionale significa che la distanza tra creste d'onda adiacenti può essere misurata in miglia o chilometri, a differenza della lunghezza d'onda più modesta compresa tra 60 e 150 m (da 200 a 490 piedi) caratteristica delle onde generate dal vento.

2. Alta velocità: Gli tsunami sono noti per la loro velocità impressionante, che in alcuni casi raggiunge i 500-800 km/h (310-500 mph). Questa rapida diffusione ha implicazioni importanti poiché il tempo di risposta è fondamentale per mitigare l'impatto delle onde, evidenziando la necessità di efficaci sistemi di allarme rapido e misure di evacuazione rapida.

3.Aumento improvviso dell'altezza: sebbene gli tsunami siano appena percettibili in acque profonde, la loro altezza aumenta drammaticamente man mano che si avvicinano alle zone costiere meno profonde. Questo fenomeno può causare una crescita esponenziale dell'altezza delle onde, culminando in una notevole devastazione quando raggiungono la terraferma. Pertanto, una nave che naviga in acque profonde non può essere colpita da uno tsunami che causa danni significativi alle zone costiere.

Secondo il sito Sciense Notes elenchiamo i 10 tsunami di maggiore importanza storica:

1. Tsunami nell'Oceano Indiano, 2004: Originato da un massiccio terremoto sottomarino al largo della costa di Sumatra, in Indonesia, questo tsunami è considerato uno dei disastri naturali più mortali della storia e ha causato più di 230.000 morti in 14 paesi, tra cui Tailandia e Sri Lanka. e l'India.

2. Tsunami di Tohoku, Giappone, 2011: generato da un terremoto di magnitudo 9.0, questo tsunami ha innescato il disastro nucleare di Fukushima, causando circa 16.000 morti e avendo un impatto economico significativo.

3. Tsunami di Lituya Bay, Alaska, 1958: caratterizzato dalla più grande onda di tsunami mai registrata, che raggiunse i 1.720 piedi, questo tsunami fu causato da una frana, provocando meno vittime umane ma dimostrando la formidabile forza dello tsunami.

4. Grande terremoto e tsunami di Lisbona, 1755: verificatosi nel giorno di Ognissanti, questo evento catastrofico devastò Lisbona, Portogallo, e colpì vaste aree dell'Europa e del Nord Africa, con l'onda dello tsunami che raggiunse i Caraibi.

5. Tsunami Krakatoa, Indonesia, 1883: Originato dall'eruzione del vulcano Krakatoa, questo tsunami ebbe onde alte fino a 135 piedi e causò circa 36.000 morti, con il suo impatto udibile a 3.000 miglia

di distanza.

6. Tsunami di Messina, Italia, 1908: causato da un terremoto nello Stretto di Messina, questo tsunami uccise circa 80.000 persone a Messina e Reggio Calabria.

7. Tsunami di Nankaido, Giappone, 1707: uno dei primi tsunami ben documentati, questo evento fu causato da un grande terremoto e causò significative perdite di vite umane e proprietà in Giappone.

8. Tsunami della Papua Nuova Guinea, 1998: originato da una frana sottomarina, questo tsunami ha prodotto onde alte fino a 15 metri e ha causato più di 2.200 morti.

9. Tsunami di Sanriku, Giappone, 1896: noto per le sue grandi altezze, questo tsunami fu il risultato di un terremoto sottomarino e colpì la costa di Sanriku, in Giappone, uccidendo più di 22.000 persone.

10. Tsunami del Cile, 1960: Causato dal terremoto più potente mai registrato, di magnitudo 9,5, questo tsunami colpì l'intera regione del Pacifico, causando morti in luoghi lontani come le Hawaii, il Giappone e le Filippine.

Questi tsunami storici evidenziano vividamente l'immenso potere e la potenziale devastazione di questo fenomeno naturale. Comprendere questi eventi può aiutare a migliorare la preparazione e le strategie di risposta per i futuri tsunami.

Un altro fatto rilevante è che circa l'80% degli tsunami si verificano nell'Oceano Pacifico, sebbene possano verificarsi in qualsiasi grande specchio d'acqua, compresi i laghi. Inoltre, la topografia della costa gioca un ruolo cruciale. Ad esempio, nel corso della storia, il Giappone ha dovuto affrontare più di un centinaio di eventi di questo tipo, a differenza di Taiwan, situata nelle vicinanze, che ne ha registrati solo due. Tuttavia, secondo la NOAA, prevedere con precisione lo tsunami rimane una sfida, anche quando si conoscono la magnitudo e la posizione del terremoto. Geologi, oceanografi e sismologi effettuano un'analisi dettagliata di ogni terremoto e, a seconda di diversi fattori, possono o meno emettere un avviso di allerta. Tuttavia, esistono indicatori di allerta precoce di uno tsunami imminente e i sistemi automatizzati possono fornire avvisi immediati dopo un terremoto, salvando potenzialmente vite umane. Un esempio notevole è l'uso di sensori di pressione sul fondo fissati alle boe, che monitorano continuamente la pressione della colonna d'acqua sopra di loro.

Le regioni ad alto rischio tsunami generalmente implementano sistemi di allarme per informare la popolazione prima che l'onda raggiunga la costa. Sulla costa occidentale degli Stati Uniti, soggetta agli tsunami provenienti dall'Oceano Pacifico, sono predisposti segnali di allarme che indicano le vie di evacuazione.

In Giappone, dove la popolazione è fortemente consapevole del pericolo di terremoti e tsunami, i segnali di allarme ricordano costantemente i pericoli naturali. Inoltre, esiste una rete di sirene di allarme, spesso posizionate in cima alle scogliere vicino alle colline.
Il Pacific Tsunami Warning System, con sede a Honolulu, Hawaii, monitora l'attività sismica nell'Oceano Pacifico. Il rilevamento di un terremoto di magnitudo sufficientemente significativa, insieme ad altre informazioni rilevanti, fa scattare un allarme tsunami.

È importante notare che non tutti i terremoti nelle zone di subduzione del Pacifico causano tsunami. Pertanto, i computer svolgono un ruolo cruciale nella valutazione del rischio associato a ciascun terremoto che si verifica nell'Oceano Pacifico e nelle regioni terrestri adiacenti.

Un altro fattore predominante sono i disturbi nella ionosfera, che possono svolgere un ruolo cruciale come sistema di allarme. Durante il terremoto e lo tsunami del 2011 in Giappone si sono verificati diversi effetti sorprendenti, tra cui onde nel paesaggio e nel mare che si sono riflesse anche nella ionosfera, uno strato atmosferico situato a oltre 85 chilometri di altitudine, dove le molecole vengono ionizzate dalla radiazione solare. Il terremoto ha generato onde acustiche e di Rayleigh che si sono propagate nella ionosfera in soli 10 minuti dopo l'evento. Uno studio recente ha analizzato le osservazioni dei disturbi ionosferici (TID) in movimento lungo le traiettorie di due satelliti GNSS, confrontandole con le simulazioni TID. Sia nelle osservazioni che nelle simulazioni, i disturbi ionosferici in avanzamento dello tsunami (ATID) sono stati identificati come picchi secondari nella variazione temporale dei TID, che apparivano tra 30 e 90 minuti prima dell'arrivo dello tsunami.

La rilevazione precoce (60 minuti prima dell'arrivo dello tsunami) dei TID nella ionosfera, situata 10° davanti all'onda d'urto, li rende un indicatore importante per rilevare il fenomeno in aree distanti. Ciò può integrare i sistemi di allerta precoce per lo tsunami esistenti e offrire una soluzione a basso costo.

Inoltre, alcuni zoologi hanno ipotizzato che alcune specie animali abbiano la capacità di rilevare le onde subsoniche di Rayleigh generate da terremoti o tsunami. Se confermata, questa capacità potrebbe consentire l'uso del comportamento animale come indicatore precoce dell'attività sismica.

Tuttavia, le prove a questo riguardo sono controverse e non sono state ancora ampiamente accettate. Alcune affermazioni relative al terremoto di Lisbona indicano che alcuni animali migrarono verso zone più elevate, mentre altri rimasero nelle zone colpite e annegarono. Allo stesso modo, sono state effettuate osservazioni in Sri Lanka durante il terremoto nell'Oceano Indiano del 2004. Esiste la possibilità che alcuni animali, come gli elefanti, possano percepire i suoni dello tsunami mentre si avvicina alla costa, costringendoli ad allontanarsi in caso di pericolo imminente. Al contrario, molti esseri umani si recarono sulla costa per indagare e di conseguenza finirono per perdere la vita.

CAPITOLO 7: IMPATTO AMBIENTALE ED ECOLOGICO DEGLI TSUNAMI

La regione costiera, detta anche zona neritica, costituisce una zona di transizione tra l'ambiente continentale e l'oceano. Questo spazio è caratterizzato dall'influenza delle maree e dalla capacità della luce di penetrare negli strati più profondi, favorendo così il verificarsi della fotosintesi.

È una striscia di terra complessa, dinamica e mutevole, soggetta a diversi processi geologici. L'azione meccanica delle onde, delle correnti e delle maree gioca un ruolo fondamentale nel modellare le caratteristiche delle aree costiere, dando origine a processi di erosione o deposizione.

Comprendere gli impatti degli tsunami sull'ambiente marino è fondamentale per valutare il pieno effetto di questi eventi catastrofici sugli ecosistemi costieri. Questo capitolo cerca di analizzare i danni causati dagli tsunami alle barriere coralline, agli habitat costieri e alla vita acquatica, evidenziando gli effetti negativi immediati e a lungo termine, nonché le implicazioni per la conservazione marina.

L'esame dei danni causati dagli tsunami alle barriere coralline richiede un'analisi completa delle complesse interazioni tra le onde d'urto e questi ecosistemi marini estremamente diversi. Gli tsunami esercitano notevoli forze fisiche sulle barriere coralline, provocando una serie di impatti che ne compromettono l'integrità strutturale e la funzionalità ecologica.

Le onde d'urto generate dagli tsunami impongono uno stress meccanico diretto sui coralli, causando danni fisici che vanno dalle fratture alla completa disintegrazione delle strutture della barriera corallina. L'intensità delle onde può trasportare anche sedimenti e detriti, che possono depositarsi sui reef, ricoprendo i coralli e soffocandoli, interferendo così con gli scambi vitali di gas e cibo.

Inoltre, durante gli tsunami, la torbidità dell'acqua aumenta a causa del trasporto dei sedimenti, con conseguenze negative per i coralli. La diminuzione della penetrazione della luce solare danneggia la fotosintesi effettuata dalle zooxantelle, organismi simbiotici presenti nei coralli, provocando lo sbiancamento e la morte di questi organismi. Tale perdita non solo riduce la diversità biologica della barriera corallina, ma influisce negativamente anche sulla struttura e sulla funzione degli ecosistemi della barriera corallina.

I danni alle barriere coralline causati dagli tsunami hanno implicazioni a lungo termine per la salute e la resilienza di questi ecosistemi marini cruciali. Il recupero dopo uno tsunami può essere un processo lungo e complesso, influenzato da diversi fattori che ne determinano la velocità e l'entità.

Un'altra questione rilevante è l'erosione costiera, uno dei principali impatti degli tsunami sugli habitat di queste aree. Quando le onde d'urto colpiscono la costa, possono rimuovere grandi quantità di sedimenti e materiali costieri, portando alla distruzione di habitat come mangrovie e spiagge. La perdita di questi habitat non solo diminuisce la biodiversità locale, ma compromette anche la protezione naturale contro gli eventi climatici estremi e la stabilità della costa.

Oltre all'erosione, gli tsunami possono anche causare la deposizione di sedimenti in queste aree. Il trasporto di sedimenti da parte delle onde dello tsunami può provocare l'accumulo di materiale sedimentario negli estuari e nelle mangrovie, influenzando la qualità dell'acqua e la biodiversità in questi ecosistemi. Un'eccessiva deposizione di sedimenti può anche intasare i canali di navigazione e interferire con le attività di pesca e turismo.

La distruzione degli habitat costieri durante gli tsunami ha importanti implicazioni per la resilienza ecologica di questi ecosistemi. La perdita delle mangrovie, ad esempio, riduce la capacità di protezione dalle tempeste, aumentando la vulnerabilità delle comunità di questa regione agli eventi estremi. Inoltre, l'erosione costiera può causare la perdita di aree di riproduzione e alimentazione per le specie marine, colpendo l'intera catena alimentare.

Le conseguenze degli tsunami sulla vita marina sono enormi e coprono vari aspetti della biodiversità e dell'ecologia marina. L'esposizione alle onde d'urto può causare danni diretti alla fauna marina, compresa la mortalità di organismi fragili e la distruzione di habitat essenziali. La rimozione delle mangrovie e delle praterie di fanerogame marine può privare le specie di habitat critici per la loro riproduzione e alimentazione, compromettendo la vitalità della loro popolazione. Inoltre, la deposizione di sedimenti negli estuari e nelle aree costiere può alterare la qualità dell'acqua e influenzare la disponibilità di cibo per gli organismi bentonici e che filtrano. La torbidità derivante dal trasporto dei sedimenti può anche interferire con la fotosintesi degli organismi fotosintetici, influenzando la produzione primaria e la disponibilità di cibo nella catena alimentare marina. Questi impatti possono innescare effetti a cascata in tutta la comunità marina, con conseguenti cambiamenti nella struttura e nella dinamica degli ecosistemi costieri. In definitiva, comprendere le conseguenze degli tsunami per la vita marina è fondamentale per la conservazione e la gestione sostenibile delle risorse marine, promuovendo la resilienza degli ecosistemi costieri di fronte a eventi estremi.

La fascia costiera brasiliana si estende, nella sua parte terrestre, per più di 8.500 chilometri, coprendo 17 unità federative e più di quattrocento comuni, dal Nord equatoriale al Sud temperato del Paese.

Comprende inoltre lo spazio marittimo costituito dal mare territoriale, che si estende per 12 miglia nautiche dalla costa. Il Brasile possiede una delle zone costiere più estese del mondo, tra la foce del fiume Oiapoque, ad Amapá, e Chuí, nel Rio Grande do Sul. La Regione Marina inizia dalla fascia costiera e copre la piattaforma continentale marina e la zona economica esclusiva Zona. Zona – ZEE che, nel caso del Brasile, si estende fino a 200 miglia dalla costa.

Area di mangrovie a Superagui, Paraná. Foto: Duda Menegassi.

La zona costiera del Nord America è vasta e diversificata e copre un'area significativa lungo le coste orientali, occidentali e del Golfo degli Stati Uniti. Questa zona è caratterizzata da una combinazione unica di ecosistemi marini, di estuario e terrestri, che svolgono un ruolo fondamentale nell'ecologia, nell'economia e nella cultura del paese.

Sulla costa orientale spiccano regioni come la costa atlantica, che si estende dal Maine alla Florida e comprende una varietà di habitat costieri come spiagge, estuari, paludi salmastre e barriere coralline. Questa zona è nota per la sua ricca biodiversità, con un'ampia varietà di specie marine e uccelli migratori.

Sulla costa occidentale, la costa del Pacifico si estende dallo

Stato di Washington alla California e presenta spettacolari paesaggi costieri tra cui scogliere frastagliate, spiagge sabbiose e lussureggianti foreste costiere. Questa regione è famosa per la sua bellezza naturale e la sua importanza come habitat per specie marine come leoni marini, balene e uccelli marini.

Costa della California: Half Moon Bay

Negli Stati Uniti, la costa del Golfo comprende gli stati del Texas, Louisiana, Mississippi, Alabama e Florida, ed è caratterizzata da un paesaggio costiero dominato da estesi estuari, paludi salmastre e mangrovie. Questa zona è vitale per la pesca commerciale, poiché fornisce l'habitat per una varietà di specie di pesci, gamberetti e molluschi.

Oltre alla sua importanza ambientale, la zona costiera del Nord America svolge un ruolo cruciale nell'economia del paese, fornendo risorse naturali come petrolio, gas naturale, frutti di mare e turismo. Tuttavia, questa regione deve affrontare anche sfide significative, tra cui l'erosione costiera, l'inquinamento delle acque e l'innalzamento del livello del mare, che minacciano la salute e la resilienza degli ecosistemi costieri e delle comunità che da essi dipendono.

Tuttavia, la zona costiera europea è vasta e diversificata e si estende per migliaia di chilometri attorno all'intero continente. Questa regione è caratterizzata da una grande varietà di paesaggi, ecosistemi e culture, svolgendo un ruolo fondamentale nella vita dei paesi europei.

Lungo la costa atlantica, paesi come Portogallo, Spagna, Francia, Regno Unito e Irlanda vantano una costa caratterizzata da imponenti scogliere, spiagge sabbiose, estuari e baie riparate. Queste aree costiere sono note per la loro bellezza naturale e la loro importanza come habitat per un'ampia varietà di vita marina, inclusi uccelli marini, mammiferi marini e pesci migratori.

Sulla costa del Mare del Nord, paesi come Paesi Bassi, Belgio, Germania e Danimarca si trovano ad affrontare sfide uniche a causa della minaccia dell'erosione costiera e della necessità di protezione dalle inondazioni. Queste nazioni hanno sviluppato sistemi avanzati di gestione costiera, tra cui dighe marittime, dighe e sistemi di drenaggio, per proteggere le loro terre basse e le città costiere.

Nel Mediterraneo, paesi come Spagna, Italia, Grecia e Croazia hanno una costa costellata di baie nascoste, isole pittoresche e antiche città costiere. Questa regione è famosa per il suo clima mite, le spiagge di sabbia dorata e il ricco patrimonio culturale, che attira milioni di turisti ogni anno.

Oltre alla sua importanza ambientale e culturale, la zona costiera europea svolge un ruolo cruciale nell'economia della regione, fornendo risorse naturali come frutti di mare, sale e turismo. Tuttavia, questa regione deve affrontare anche sfide significative, come l'inquinamento delle acque, lo sviluppo costiero insostenibile e gli effetti del cambiamento climatico, che minacciano la salute e la resilienza degli ecosistemi costieri e delle comunità che da essi dipendono.

In Asia, la zona costiera del Giappone è un'area di grande importanza geografica, economica e culturale, che si estende sulle quattro isole principali dell'arcipelago giapponese: Honshu, Hokkaido, Kyushu e Shikoku, oltre a diverse isole minori. Questa regione ha un paesaggio costiero diversificato, che comprende peninsulari, insenature, baie, spiagge, scogliere e isole.

La costa del Giappone è delimitata dall'Oceano Pacifico a est, dal Mar del Giappone a ovest e dal Mar Cinese Orientale a sud, offrendo una varietà di ambienti marini ed estuari. Questa zona è nota per la sua ricca biodiversità marina, che comprende un'ampia varietà di specie di pesci, crostacei, molluschi e mammiferi marini.

Oltre alla sua importanza ambientale, la zona costiera del Giappone svolge un ruolo cruciale nell'economia del paese, fornendo risorse naturali come frutti di mare, alghe e minerali, oltre ad essere un'importante rotta commerciale e marittima. Le città costiere del Giappone sono centri di attività economica e culturale, ospitano porti trafficati, industrie della pesca e del turismo, nonché importanti siti storici e culturali.

Tuttavia, anche la zona costiera del Giappone deve affrontare sfide significative, tra cui la minaccia di tsunami e terremoti, che possono causare gravi danni alle infrastrutture costiere e alle comunità locali. Inoltre, l'inquinamento delle acque, lo sviluppo costiero insostenibile e il cambiamento climatico rappresentano ulteriori minacce alla salute e alla resilienza degli ecosistemi costieri del Paese.

Per affrontare queste sfide, il Giappone ha implementato una serie di misure di gestione costiera, tra cui la costruzione di barriere contro lo tsunami, il monitoraggio della qualità dell'acqua e la promozione dello sviluppo sostenibile delle comunità costiere. Queste iniziative mirano a proteggere le risorse naturali e culturali dell'area costiera del Giappone e a garantirne la sostenibilità per le generazioni future.

Isola di Miyako/a circa 300 chilometri da Okinawa.

Spiaggia di Yoron, Giappone

CAPITOLO 8: PROSPETTIVE FUTURE E RICERCA IN SISMOLOGIA

I progressi tecnologici nel campo della sismologia hanno svolto un ruolo chiave nel migliorare la comprensione dei terremoti e la capacità di monitorare e prevedere gli eventi sismici. Queste innovazioni coprono una vasta gamma di settori, dal rilevamento e misurazione dei movimenti sismici all'analisi e interpretazione dei dati.

Una delle tecnologie con il maggiore impatto in sismologia è lo sviluppo di reti di sensori sismici distribuiti. Queste reti sono costituite da una serie di sensori sismici interconnessi installati in diverse posizioni geografiche. Sono in grado di rilevare e registrare i movimenti sismici in tempo reale, fornendo una visione dettagliata dell'attività sismica in una determinata regione. Inoltre, questi sensori sono generalmente dotati di tecnologia di trasmissione dati in tempo reale, che consente una risposta rapida agli eventi sismici.

Un altro progresso tecnologico significativo è l'uso dei satelliti di osservazione della Terra per monitorare le deformazioni della crosta terrestre. Questi satelliti sono dotati di strumenti sensibili in grado di misurare variazioni minime della superficie terrestre, rendendo possibile mappare i movimenti tettonici e rilevare deformazioni prima dei terremoti. Questa capacità di monitoraggio remoto è particolarmente utile in aree geograficamente complesse dove l'installazione di sensori a terra può rappresentare una sfida.

Inoltre, lo sviluppo di modelli computazionali avanzati è stato fondamentale per l'analisi e l'interpretazione dei dati sismici. Questi modelli utilizzano algoritmi complessi per simulare il comportamento dei terremoti e prevederne gli effetti in diversi scenari. Sono in grado di integrare una varietà di dati, inclusi dati sismici, geologici e geofisici, fornendo una comprensione completa dei processi tettonici sottostanti.

Le aree di ricerca emergenti nel campo della sismologia sono in prima linea nello sviluppo scientifico e tecnologico e affrontano questioni complesse e stimolanti legate ai terremoti e ai processi tettonici. Queste aree rappresentano opportunità promettenti per far progredire la nostra comprensione dei fenomeni sismici e migliorare le nostre capacità di previsione e mitigazione del rischio. Alcuni dei campi più importanti includono:

1. Rilevazione sismica pre-rottura: una delle aree più interessanti è lo sviluppo di metodi per rilevare i segnali precursori dei terremoti, noti come sismica pre-rottura. Ciò comporta l'utilizzo di tecniche avanzate di analisi dei dati per identificare modelli e anomalie nelle registrazioni sismiche che potrebbero indicare un'imminente rottura sismica. Il rilevamento tempestivo di questi segnali può fornire informazioni preziose per allertare le comunità in caso di terremoti imminenti.

2. Modellazione dell'incertezza: un'altra area di ricerca in crescita è la modellazione dell'incertezza in sismologia, che cerca di quantificare e incorporare l'incertezza nei modelli e nelle previsioni sismiche. Ciò è essenziale per fornire stime realistiche del rischio sismico e prendere decisioni informate sulle misure di mitigazione e adattamento. Sono in fase di sviluppo metodi statistici avanzati e tecniche di simulazione per affrontare la complessità e la variabilità dei sistemi sismici.

3. Integrazione di dati multidisciplinari: l'integrazione di dati provenienti da diverse fonti e discipline è un'area di ricerca sempre più importante in sismologia, come abbiamo trattato in precedenza. Ciò include la combinazione di dati sismici con dati geologici, geofisici e geodetici per ottenere una comprensione più completa dei processi tettonici sottostanti. Un approccio multidisciplinare è essenziale per ricostruire la storia sismica di una regione e valutarne il potenziale di rischio sismico.

4. Applicazione dell'intelligenza artificiale: l'uso dell'intelligenza artificiale e dell'apprendimento automatico è sempre più comune nell'analisi e nell'interpretazione dei dati sismici. Queste tecniche possono aiutare a identificare modelli e tendenze nei dati sismici che potrebbero non essere ovvi per i ricercatori umani. Ciò può portare a nuove e inaspettate conoscenze sui processi sismici e migliorare l'accuratezza delle previsioni sismiche.

5. Monitoraggio e modellazione della deformazione crostale: il monitoraggio e la modellazione della deformazione crostale sono aree chiave di ricerca che mirano a comprendere come le sollecitazioni si accumulano e si rilasciano nel tempo. Ciò include l'uso di tecniche geodetiche e geofisiche avanzate per misurare i cambiamenti nella superficie terrestre e modelli numerici per simulare il comportamento delle faglie geologiche. Una comprensione più approfondita di questi processi è fondamentale per prevedere e mitigare i rischi associati ai terremoti.

CAPITOLO 9: IMPATTO SOCIOECONOMICO DI TERREMOTI E TSUNAMI

Terremoti e tsunami rappresentano minacce che trascendono i limiti geografici e temporali e hanno un profondo impatto sulla struttura sociale ed economica delle regioni colpite. Questi eventi catastrofici innescano una cascata di conseguenze umanitarie ed economiche, dalla perdita irreparabile di vite umane alla distruzione diffusa di infrastrutture vitali. Una comprensione globale dell'impatto socioeconomico di questi fenomeni è essenziale non solo per valutare la portata della tragedia umana, ma anche per orientare strategie efficaci di risposta, recupero e ricostruzione. In questo contesto, cerchiamo di esplorare gli intricati sviluppi sociali ed economici innescati da terremoti e tsunami, evidenziando le sfide urgenti affrontate dalle comunità colpite e delineando percorsi per una risposta efficace a questi eventi devastanti.

Terremoti e tsunami sono fenomeni naturali di grande entità che, oltre a provocare ingenti danni materiali, provocano ingenti perdite umane. Questo aspetto intrinseco di questi eventi disastrosi rappresenta non solo una tragedia umanitaria immediata, ma anche una crisi a lungo termine che colpisce profondamente le strutture sociali ed economiche delle regioni colpite.

Le perdite umane derivanti da terremoti e tsunami non si limitano al numero di vittime, ma comprendono un'ampia gamma di impatti sanitari e psicosociali. I singoli sopravvissuti spesso affrontano profondi traumi emotivi derivanti dalla perdita dei loro cari, nonché sfide fisiche e psicologiche associate all'esperienza di sopravvivere in mezzo alla distruzione. Inoltre, la diffusione di malattie, condizioni antigeniche e la carenza di risorse mediche adeguate spesso accompagnano l'emergenza umanitaria causata da questi disastri naturali.

In termini di danni materiali, i terremoti e gli tsunami possono causare la distruzione massiccia delle infrastrutture urbane e rurali. Gli edifici residenziali, commerciali e industriali sono spesso ridotti in macerie, mentre le vie di trasporto, i sistemi di approvvigionamento idrico ed elettrico e altri servizi essenziali subiscono danni diffusi. Questa devastazione materiale non rappresenta solo una perdita economica immediata, ma genera anche impatti sociali significativi, tra cui lo sfollamento della popolazione, l'interruzione della vita quotidiana e la destabilizzazione delle comunità colpite.

Riconoscere l'interconnessione tra gli aspetti umani e materiali di queste crisi naturali è essenziale per adottare un approccio globale e olistico per mitigarne gli impatti e promuovere la resilienza delle comunità colpite.

Un aspetto cruciale e spesso sottovalutato dei terremoti e degli tsunami è il massiccio spostamento di popolazione che si verifica come conseguenza diretta di questi eventi catastrofici. Lo sfollamento della popolazione, sia a livello interno che internazionale, è una manifestazione tangibile delle conseguenze umanitarie e sociali di questi disastri naturali, che comportano una serie di sfide e implicazioni complesse.

Lo sfollamento della popolazione avviene quando le persone sono costrette a lasciare le proprie case e comunità a causa di danni strutturali irreparabili, minacce imminenti alla sicurezza o perdita di accesso a risorse di base essenziali. Ciò può portare a una serie di difficoltà, tra cui la ricerca di un rifugio temporaneo, un accesso limitato all'acqua pulita e al cibo, sfide per la salute pubblica e la necessità di un reinsediamento a lungo termine.

Gli effetti dello sfollamento della popolazione sono vari e di vasta portata e colpiscono non solo gli sfollati diretti ma anche le comunità ospitanti e le strutture sociali ed economiche più ampie. Lo sfollamento può portare alla disintegrazione delle reti sociali e comunitarie, alla frammentazione delle famiglie e ad una maggiore vulnerabilità sociale ed economica, soprattutto tra i gruppi più emarginati e vulnerabili.

Inoltre, lo sfollamento della popolazione può generare tensioni e conflitti nelle comunità ospitanti poiché vi è concorrenza per le scarse risorse e le capacità locali sono sopraffatte dall'arrivo di nuovi residenti. Queste dinamiche possono essere esacerbate da problemi di discriminazione, stigmatizzazione ed esclusione sociale, rendendo il processo di reinsediamento ancora più impegnativo e traumatico per gli sfollati.

Comprendere gli impatti sociali e umanitari degli sfollati è essenziale per dare forma a politiche e programmi efficaci per l'assistenza umanitaria, la ricostruzione post-catastrofe e lo sviluppo sostenibile delle comunità colpite.

Terremoti e tsunami impongono costi considerevoli alla società in termini di recupero e ricostruzione delle aree colpite. Questi costi coprono un'ampia gamma di spese, dalla rimozione dei detriti al ripristino delle infrastrutture vitali e al sostegno delle comunità colpite. Una comprensione dettagliata dei costi associati al recupero e alla ricostruzione è fondamentale per informare politiche e strategie efficaci di risposta alle catastrofi e garantire una ripresa sostenibile e resiliente.

I costi di recupero e ricostruzione sono influenzati da una serie di fattori, tra cui l'entità dei danni causati da terremoti e tsunami, la scala geografica delle aree colpite, la disponibilità di risorse finanziarie e l'efficacia delle misure di preparazione e risposta. Questi costi possono essere suddivisi in diverse categorie principali, tra cui:

1. Rimozione dei detriti: il primo passo nel recupero post-disastro è la rimozione dei detriti, che prevede la pulizia e lo sgombero delle aree colpite per consentire un accesso sicuro e facilitare le

operazioni di ricostruzione. Si tratta di un compito complesso e dispendioso in termini di tempo che può rappresentare una parte significativa dei costi totali di recupero.

2. Riparazione delle infrastrutture: terremoti e tsunami spesso causano ingenti danni alle infrastrutture, inclusi edifici, strade, ponti, porti e reti di approvvigionamento idrico ed elettrico. I costi associati alla riparazione e alla ricostruzione di queste infrastrutture sono ingenti e possono richiedere anni, se non decenni, per essere completamente ripristinati.

3. Sostegno alle comunità colpite: le comunità colpite da terremoti e tsunami spesso necessitano di sostegno finanziario e materiale per soddisfare i loro bisogni di base, come riparo, acqua pulita, cibo, assistenza medica e psicosociale. I costi associati a questi programmi di assistenza umanitaria possono essere significativi e devono essere gestiti attentamente per garantire una distribuzione equa ed efficace delle risorse disponibili.

4. Sviluppo di misure di mitigazione del rischio: oltre alla ripresa immediata, è essenziale investire in misure di mitigazione del rischio a lungo termine per ridurre la vulnerabilità delle comunità a futuri terremoti e tsunami. Ciò include l'implementazione di codici edilizi più severi, il rafforzamento delle infrastrutture critiche, l'educazione del pubblico sulle misure di sicurezza e la creazione di sistemi di allarme rapido più efficaci.

In sintesi, i costi del recupero e della ricostruzione dopo terremoti e tsunami sono ingenti e possono imporre un onere significativo ai governi locali, nazionali e internazionali. Tuttavia, investire in queste attività è essenziale per promuovere una ripresa sostenibile e resiliente delle aree colpite e ridurre il rischio di futuri disastri naturali.

CONSIDERAZIONI FINALI

In questo lavoro esploriamo in profondità le dinamiche della tettonica a placche, dalle sue origini storiche agli sviluppi contemporanei nella sismologia e nel monitoraggio geologico. Nel corso di questo studio sono emerse diverse importanti conclusioni che hanno fornito una comprensione più completa e più profonda dei fenomeni geodinamici che modellano la superficie terrestre e influenzano la vita sul nostro pianeta.

Innanzitutto, è diventato chiaro che la teoria della tettonica a placche rappresenta una pietra miliare paradigmatica nelle geoscienze, unificando una serie di osservazioni e prove in un quadro teorico coerente. Dalle prime osservazioni di Alfred Wegener sulla deriva dei continenti alle moderne tecniche di monitoraggio geodetico e sismologico, la nostra comprensione delle dinamiche della Terra è progredita in modo significativo, fornendo informazioni cruciali sull'evoluzione geologica del nostro pianeta.

Inoltre, è diventato evidente che la tettonica a placche gioca un ruolo fondamentale nel modellare gli ambienti naturali e nella distribuzione della vita sulla Terra. Dalla formazione di catene montuose e bacini oceanici alla generazione di vulcani e terremoti, i processi tettonici modellano continuamente il paesaggio terrestre e influenzano i modelli di biodiversità e i cicli biogeochimici globali.

Quando si considerano gli impatti socioeconomici dei terremoti e degli tsunami, osserviamo che questi eventi naturali rappresentano una minaccia significativa per le società umane e le economie globali. Le perdite umane, i danni materiali e gli spostamenti di popolazione derivanti da questi disastri richiedono una risposta coordinata ed efficace da parte delle autorità locali, nazionali e internazionali, con l'obiettivo di mitigare gli impatti negativi e promuovere la ripresa sostenibile delle comunità colpite.

Infine, nel discutere le prospettive future della ricerca nel campo della sismologia e della previsione degli tsunami, sottolineiamo la continua importanza di far avanzare le tecniche di monitoraggio, modellazione e previsione per migliorare la nostra capacità di comprendere e mitigare i rischi associati agli eventi sismici. Lo sviluppo di nuove tecnologie, come sistemi di allarme rapido e metodi di modellazione numerica ad alta risoluzione, promette di fornire opportunità efficaci per far progredire la nostra comprensione dei processi geodinamici e migliorare la nostra capacità di proteggere vite umane e proprietà dagli impatti di terremoti e tsunami.

In sintesi, questa tesi offre un'analisi completa e dettagliata della tettonica a placche e dei suoi effetti sulla geografia e sulla vita sulla Terra. Integrando una varietà di discipline scientifiche e affrontando questioni fondamentali relative alle dinamiche della Terra e ai rischi naturali, speriamo che questo lavoro contribuisca a una comprensione più profonda e informata dei processi geologici che modellano il nostro pianeta e influenzano il nostro destino collettivo come abitanti la terra.

RIFERIMENTI BIBLIOGRAFICI

ESA: Agenzia spaziale europea:https://www.esa.int/Applications/Observing_the_Earth/Expert_s_Roundtable_ASAR_interferometry_promises_hyper-accurate_measurements_from_orbitConsultato il 14/03/2024.

Geoscienza Australia:https://www.ga.gov.au/scientific-topics/position-navigation/geodesy/geodetic-techniques/interferometric-synthetic-aperture-radar

Haugen, K; Lovholt, F; Harbitz, C (2005). Meccanismi fondamentali per la generazione di tsunami da flussi di massa sottomarini in geometrie idealizzate. Geologia marina e petrolio. 22 (1–2): 209–217. Fa male:10.1016/j.marpetgeo.2004.10.016

Lekkas E.; Andreadakis E.; Kostaki I.; Kapurani E. (2013) (in inglese). "Una proposta per una nuova scala integrata di intensità dello tsunami (ITIS-2012)." Bollettino della Seismological Society of America. 103(2B): 1493-1502. Fa male:10.1785/0120120099

Levin, Boris; Nosov, Mikhail (2009) (in inglese). La fisica degli tsunami. Dordrecht: Springer. ISBN 978-1-4020-8855-1.

Amministrazione Nazionale Aeronautica e Spaziale - NASA:https://svs.gsfc.nasa.gov/10682/

Amministrazione nazionale oceanica e atmosferica NOAA:https://oceanexplorer.noaa.gov/okeanos/explorations/ex1811/background/geology/welcome.html Accesso effettuato il 13/04/2024.

Abe K. (1995). Stima della magnitudo dei terremoti durante la fase precedente dello tsunami.

Voit, SS (in inglese). "Tsunami" (in inglese). Revisione annuale della meccanica dei fluidi. 19 (1): 217–236. Fa male:10.1146/

JOSÉRUIZ WATZECK

annurev.fl.19.0187.001245

INFORMAZIONI
SULL'AUTORE

José Ruiz Watzeck

Giornalista, scrittore, autore, geografo, matematico, insegnante, neuropsicopedagogista, specialista nell'insegnamento superiore, laureato in Auditing, Management e Licenze ambientali, laureato in Geoprocessing e Georeferenziazione, pedagogista, specialista in Astronomia e Astrofisica.

www.ingramcontent.com/pod-product-compliance
Lightning Source LLC
Chambersburg PA
CBHW042038230526
45474CB00005B/11